工业机器人应用与维护专业人才实训丛书

汇川PLC编程
应用技术项目实训

组　编　广州蓝海自动化设备科技有限公司

主　编　赵亮社

副主编　常文利　王永强

参　编　袁约平　林成伟　戴升辉

机 械 工 业 出 版 社

本书以汇川 H1S 系列 PLC 实训板为载体,通过典型的实训项目,帮助读者在实践中学懂、会用 PLC 编程技术。

　　本书首先用少量篇幅精炼介绍工业机器人工程师需要掌握的工业自动化方面的安全、元器件、作业工具等常识;然后通过实训项目进一步训练读者对 PLC 编程的应用。本书各实训项目安排由浅入深,均列出了具体操作流程,并配有大量图表,进行详细说明与指导;此外,项目后均给出扩展训练题,以加深读者对具体工业自动化项目的理解。

　　本书适合工业机器人应用与维护人员使用,也适合职业技术院校、技工学校机器人专业师生使用。

图书在版编目（CIP）数据

汇川 PLC 编程应用技术项目实训/广州蓝海自动化设备科技有限公司组编;赵亮社主编. —北京:机械工业出版社,2023.6
(工业机器人应用与维护专业人才实训丛书)
ISBN 978-7-111-73217-4

Ⅰ.①汇…　Ⅱ.①广…　②赵…　Ⅲ.①PLC 技术-程序设计　Ⅳ.①TM571.61

中国国家版本馆 CIP 数据核字(2023)第 092978 号

机械工业出版社(北京市百万庄大街 22 号　邮政编码 100037)
策划编辑:李万宇　　　　　　责任编辑:李万宇　李含杨
责任校对:樊钟英　李　杉　　封面设计:马精明
责任印制:单爱军
北京虎彩文化传播有限公司印刷
2023 年 7 月第 1 版第 1 次印刷
184mm×260mm · 12.25 印张 · 293 千字
标准书号:ISBN 978-7-111-73217-4
定价:75.00 元

电话服务　　　　　　　　　　网络服务
客服电话:010-88361066　　　机 工 官 网:www.cmpbook.com
　　　　　010-88379833　　　机 工 官 博:weibo.com/cmp1952
　　　　　010-68326294　　　金 书 网:www.golden-book.com
封底无防伪标均为盗版　　机工教育服务网:www.cmpedu.com

前 言 ◀ PREFACE

目前，我国正处于产业转型升级的关键时期，以工业机器人为代表的智能制造成为全球新一轮生产技术革命浪潮中最澎湃的浪花，推动着各国经济发展的进程。工业机器人作为先进制造业中不可替代的重要装备和手段，已经成为衡量一个国家制造水平和科技水平的重要标志。

近年来，工业机器人行业在我国实现了突飞猛进的发展，积累了许多经验，为我国制造业的高质量发展贡献了一定的力量。随着我国制造业的发展，以及工业机器人在各行各业的广泛应用，市场对工业机器人质量和功能水平的要求在不断提高，工业机器人方面的技术储备和人才培养变得越发重要。

工业机器人的使用能够帮助企业提高效率、节约成本、提升产品质量，许多企业已经或正在积极应用工业机器人技术，对工业机器人应用型人才的需求越来越大。而且由于机器人技术在不断进步，这些技能型人才也要不断进行学习，补充新知识。

目前，企业需求的工业机器人工程师缺口较大，催生了许多机器人专业技术培训机构，但由于机器人专业知识包括机械、电气、自动化等跨领域的融合型知识，许多培训课程的实战性不够。

广州蓝海教育技术有限公司（以下简称"蓝海教育"）于 2018 年初成立，是基于国家高新技术企业广州蓝海自动化设备科技有限公司（以下简称"蓝海自动化"）而成立的教育公司。其依托蓝海自动化近十年在自动化教学设备、工业自动化设备以及民用智能设备领域的研发、设计、生产及产业链资源，采用产、学、研、创一体化产业链创新模式，旨在为我国智能制造产业培养出工业自动化、工业机器人等方向相关应用型人才，并致力于将教育版块打造成产业化、规模化运营的培养高技能应用型人才的摇篮。

鉴于目前工业机器人培训市场急需适合培养企业工业机器人应用型人才使用的工业机器人培训图书，蓝海教育联合多家职业教育院校，编写了"工业机器人应用与维护专业人才实训丛书"。编者团队通过研究国家标准要求，结合竞赛和培训过程中的实战项目，采用大量图表，使本套丛书易读易懂，有助于读者轻松取证上岗。丛书每个分册都简要介绍了基础知识，然后通过多个典型应用实训项目，帮助读者在实际操作中掌握工业机器人的相关知识和技能。

期待本套丛书能够成为工业机器人行业的经典培训图书。

丛书部分分册在正式出版前已经过学员使用，反馈良好。由于编者水平有限，书中难免存在不够完善的地方，请读者不吝指教。

编 者

目 录 ◀CONTENTS

CHAPTER 1

第1章

安全规范标准

1.1　电气安全的重要性

电能是现代化建设中普遍使用的能源之一，无论生产还是生活都离不开电。电力的广泛使用促进了经济发展，丰富了人们的生活。但是，在电力的生产、配送、使用过程中，电力线路和电气设备在安装、运行、检修、试验的过程中，会因线路或设备故障、人员违章行为或大自然的雷击、风雪等原因酿成触电事故、电力设备事故或电气火灾爆炸事故，导致人员伤亡、线路或设备损毁，造成重大经济损失，这些电气事故引起的停电还可能会造成更严重的后果。

从实际发生的事故中可以看到，70%以上的事故都与人为过失有关，如不懂电气安全知识或没有掌握安全操作技能，忽视安全、麻痹大意，或冒险蛮干、违章作业。

因此，必须高度重视电气安全问题，采取各种有效的技术措施和管理措施，防止电气事故，保障安全用电。

电气安全问题示例如图 1-1 所示。

图 1-1　电气安全问题示例

1.2　编程技术人员的工作范围

1）保证车间全部电气自动设备处于完好状态和正常运行。

2）负责 PLC（可编程控制器）控制系统的技术工作和系统应用程序备份。

3）负责 PLC 系统的系统维护和程序修改并做好记录。

4）负责安装期间 PLC 系统安装质量的检查、监督和验收，以及 PLC 系统试运行期间的调试工作。

设备编程调试作业如图 1-2 所示。

图 1-2　设备编程调试作业

1.3　PLC 编程安全操作规程

1）进行 PLC 编程的学习和操作，要具备一定的电工基础并遵守《维修电工安全操作规程》。

2）PLC 编程实训前必须经过专业理论培训，熟悉掌握设备工作的性能、原理，熟悉掌握电力、电气设备的构造、功能及维修保养知识。

3）工作前必须检查工具，包括测量仪表和编程常用工具等是否完好。

4）对于自动化控制设备，不准在运转中进行控制程序的修改，必须在停车后再将修改程序进行写入，然后进行调试。

5）更换电气元件时，不能随意使用参数不同的元件代替，紧急情况下的临时措施要及时处理，并做好记录。

6）检修过程中遵守优先更换元件、离线分析维修元件的原则。

7）不准随便触摸 PLC 模块，不准带电拉、插模块，遵守先检查外围、再检查 PLC 的原则；确认外围完好后，方可对 PLC 进行检查。PLC 维修应由专门人员执行。

8）PLC 出现死机，需查明原因。未明确原因时，切勿盲目重新起动，严禁随意修改各种地址、跳线、屏蔽信号、取消联锁等。

9）更换模件要特别注意应有防静电措施。

10）更换按钮等元件时，要认真了解自动化等相关知识，以免造成设备事故。

11）检修结束后，要监护一段时间，确认没有问题后，方可离开。

12）检修完成后，清理现场一切东西时，应做好现场 6S 管理。

13）编程器不能当作个人机使用，不准在机器上操作其他磁盘或装入其他操作系统。

1.4　安全标志识别

在生活中，人们为了预防意外发生，会在一些危险的地方悬挂各种颜色图形的标志，提醒行人。安全标志的外形由安全色、几何图形和图形符号组成，用来表达特定的安全信息。安全标志分为不同的类别、实物形态和含义，见表 1-1。

表 1-1　安全标志

标志类别	标志的实物形态	标志的含义
禁止标志		表示不准或制止人们的某些行为,如禁止合闸、禁止通行、禁止攀登等。禁止标志的几何图形是带斜杠的圆环,圆环与斜杠用红色,背景用白色,图形符号用黑色

（续）

标志类别	标志的实物形态	标志的含义
警告标志		表示警告人们可能发生的危险,如注意安全、当心触电、当心爆炸等。警告标志的几何图形是等边三角形,背景用黄色,图形符号用黑色
命令标志		告知人们必须遵守,如必须戴安全帽、必须穿绝缘鞋等。命令标志的几何图形是圆形,背景用蓝色,图形符号及文字用白色示意
提示标志		提示标志的几何图形是方形,背景为红色时是消防设备的提示标志;背景为绿色时一般为安全通道、太平门等的提示标志
补充标志		补充标志是对以上四种标志的补充说明。补充标志分为横写和竖写,横写时,禁止标志用红底白字,警告标志用白底黑字,命令标志用蓝底白字;竖写时,均用白底黑字

CHAPTER 2

第 2 章

认识PLC实训板元器件

2.1 　PLC 实训板技术图

　　PLC 实训板布局如图 2-1 所示，PLC 实训板输入端子连接图如图 2-2 所示，PLC 实训板输出端子连接图如图 2-3 所示。

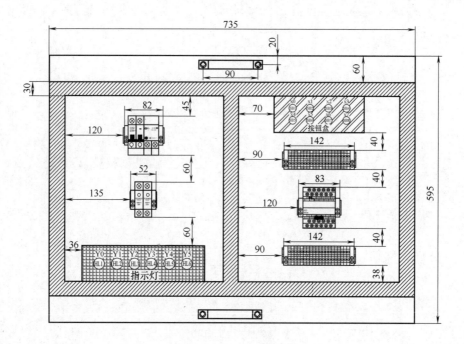

图 2-1　PLC 实训板布局

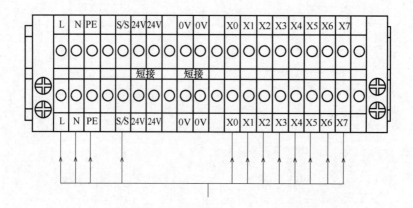

图 2-2　PLC 实训板输入端子连接图

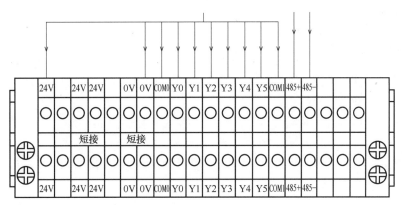

图 2-3　PLC 实训板输出端子连接图

2.2　汇川可编程控制器

汇川可编程控制器结构示意如图 2-4 所示。

图 2-4　汇川可编程控制器结构示意

1. 用途

汇川可编程控制器是一种数字运算操作的电子系统，专门为工业环境下的应用而设计。它采用可以编制程序的存储器，用来执行存储逻辑运算和顺序控制、定时、计数和算术运算等操作指令，并通过数字或模拟的输入（I）和输出（O）接口，控制各种类型的机械设备或生产过程。

2. 设备命名规则

汇川控制器的命名规则，即型号代号，如图 2-5 所示。

图 2-5　汇川控制器的型号代号

7

说明：

① 公司代号，H：汇川。

② 系列号，1S：第一代控制器。

③ 输入点数，08：8点输入。

④ 输出点数，06：6点输出。

⑤ 模块类型，M：通用控制器主模块；P：定位型控制器；N：网络型控制器；E：扩展模块。

⑥ 输出类型，R：继电器输出类型；T：晶体管输出类型。

⑦ 供电电源类型，A：AC 220V 输入，省略时默认为 AC 220V；B：AC 110V 输入；C：AC 24V 输入；D：DC 24V 输入。

⑧ 特殊标识位，XP：辅助版本号。

3. PLC 的硬件组成

PLC 的硬件主要由中央处理器（CPU）、存储器、输入单元、输出单元、通信接口、扩展接口及电源等组成。CPU 是 PLC 的核心，输入单元与输出单元是连接现场输入/输出设备与 CPU 之间的接口电路，通信接口用于与编程器、上位计算机等外设连接。整体式 PLC 将所有的部件都装在同一个机壳内，其结构组成如图 2-6 所示。

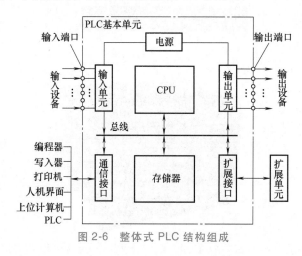

图 2-6　整体式 PLC 结构组成

4. PLC 的工作原理

PLC 用户程序的执行采用的是循环扫描工作方式，即 PLC 对用户程序逐条、顺序执行，直至程序结束，然后再从头开始扫描，周而复始，直至停止执行用户程序。PLC 有两种工作模式，即运行模式（RUN）和停止模式（STOP），如图 2-7 所示。

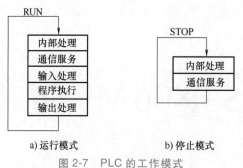

图 2-7　PLC 的工作模式

（1）运行模式　在运行模式下，PLC 对用户程序的循环扫描过程一般分为 3 个阶段，即输入采样阶段、程序执行阶段和输出刷新阶段，如图 2-8 所示。

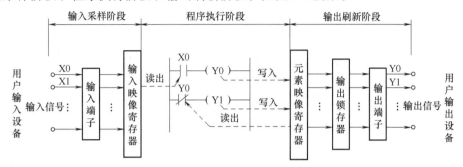

图 2-8　PLC 执行程序过程示意

（2）停止模式　在停止模式下，PLC 只进行内部处理和通信服务工作。在内部处理阶段，PLC 检查 CPU 模块内部的硬件是否正常，并监控定时器复位工作；在通信服务阶段，PLC 与其他带 CPU 的智能装置通信。

5. 设备外部特征

汇川可编程控制器整体外部特征如图 2-9 所示。

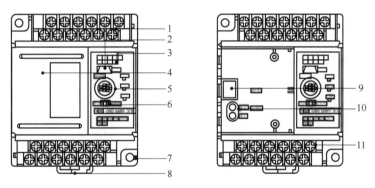

图 2-9　汇川可编程控制器整体外部特征

1—电源、辅助电源、输入信号端子　2—USB 程序下载口（调试监视用）　3—控制状态指示灯　4—大翻盖（可进行拆卸）　5—用户程序下载口（COM）　6—RUN/STOP 切换开关　7—安装螺钉孔　8—DIN 导轨安装卡口　9—系统程序下载口（非专业人员请勿操作）　10—485 通信（COM1）接线端子　11—输出信号端子

6. 选择可编程控制器的方法

可编程控制器（PLC）技术在工业控制领域得到了广泛的应用，因此可编程控制器的种类越来越多，功能也日趋完善，即使是同一系列的可编程控制器，其在结构、性能、容量、指令系统、编程方式、价格以及适用场所上也都有所不同。

1）根据自身设备的控制要求来选择控制器。所选择的控制器要在运行可靠、维护方便的前提下有较高的性价比。

2）控制器容量的选择。这里的容量指的是 I/O 点数以及用户程序存储容量。I/O 点数的选择要在满足自身控制要求的基础上留有一定的备用量；用户程序存储容量决定了能存储的用户程序的长短，一般要留出适当的余量（20%～30%）。

3）I/O模块要根据控制要求进行选择，从输入/输出的信号类型、工作电压以及接线方式方面进行考虑。

2.3　断路器

断路器示意如图2-10所示。

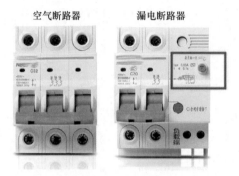

空气断路器　　　　漏电断路器

图2-10　断路器示意

（1）用途　断路器是一个开关和保护电路的组合体，可用来接通和分断负载电路，也可以用来控制不频繁起动的电动机。它对电器和电气设备的电路过载、漏电和失电有保护作用。

（2）分类　断路器分为电磁式断路器、热元件式断路器和复式脱钩断路器。

2.4　熔断器

熔断器底座与熔体如图2-11所示。

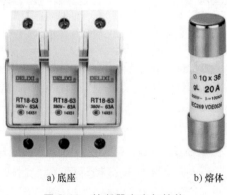

a）底座　　　　　　b）熔体

图2-11　熔断器底座与熔体

（1）用途　熔断器的用途是短路保护。

（2）分类

1）按结构形式可分为开启式熔断器、半封闭式熔断器、封闭式熔断器。

2）按外壳内有无填料可分为有填料式熔断器和无填料式熔断器。

3）按熔体的替换和装拆情况可分为可拆式熔断器和不可拆式熔断器。

2.5 开关按钮

开关按钮如图 2-12 所示。

图 2-12 开关按钮

（1）用途 开关按钮的用途是发出改变电力拖动的控制动作的命令，如启动、停止等。

（2）分类 开关按钮可分为开启式按钮、防护式按钮、钥匙式按钮等。

（3）选择 可根据使用场合、操作需要的触头数目及区别的颜色来选择适合的开关按钮。

CHAPTER 3

第 3 章

常用电工作业工具

常用电工作业工具如图 3-1 所示。

图 3-1　常用电工作业工具

常用电工工具的定义：一般电工专业都要使用的工具。

常用电工工具的分类：验电器、螺钉旋具、钢丝钳、尖嘴钳、断线钳、剥线钳、电工刀、活动扳手等。

3.1　低压验电器（测电笔）

测电笔如图 3-2 所示。

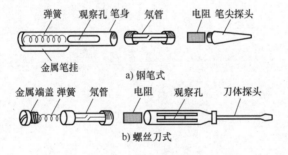

图 3-2　测电笔

1）分类：钢笔式、螺丝刀式。

2）结构：氖管、电阻、弹簧、笔身、笔体。

3）测试范围：60~500V。

4）使用方法：将笔握妥，用手指触及笔尾金属体，使氖泡小窗背光朝自己，只要带电体与大地之间的电位差超过 60V，氖泡就发光。

5）安全知识：

① 使用前应在已知带电体上测试，验证接触是否良好。

② 使用时，应使验电器逐渐靠近被测物体，直到氖泡发亮，只有在氖泡不发亮时，人体才能与被测物体接触。

③ 测试时，手不能触及笔体的金属部位。

6）作用：

① 区别电压高低：根据氖泡发光强弱来判断。

② 区别相线、零线：发光的为相线，不发光的为零线（正常情况）。

③ 区别直流电、交流电：氖泡两极同时发光的是交流电，只有一极发光的是直流电。

④ 区别直流电正、负极：发光的一极为负极。

⑤ 识别相线碰壳：碰击电动机、变压器外壳，如果发光，说明该设备相线有碰壳现象。

3.2　螺丝刀

螺丝刀如图 3-3 所示。

图 3-3　螺丝刀

1）定义：紧固或拆卸螺钉的工具。目前使用较广泛的为磁性旋具（木质绝缘柄、橡胶绝缘柄），在金属杆的刀口端焊有磁性金属材料，可以吸住待拧紧的螺钉，准确定位。

2）样式：一字形、十字形。

3）使用方法：

① 大螺钉旋具：大拇指、食指和中指夹住握柄，手掌顶住柄的末端，防止旋具转动时滑脱。

② 小螺钉旋具：用手指顶住木柄末端捻旋。

③ 较长的螺钉旋具：右手压紧并转动手柄，左手握住螺钉旋具中间；左手不得放在螺钉周围，防止将手划伤。

4）安全知识：

① 电工不可使用金属杆直通柄顶的螺钉旋具，易触电。

② 使用螺钉旋具紧固和拆卸带电螺钉时，手不得触及金属杆，以免发生触电事故。

③ 应在金属杆上穿套绝缘管。

3.3　电烙铁

电烙铁如图 3-4 所示。

1）用途：是电子制作和电器维修的必备工具，主要用途是焊接元件及导线。

2）分类：按机械结构可分为内热式电烙铁和外热式电烙铁，按功能可分为无吸锡电烙铁和吸锡式电烙铁。

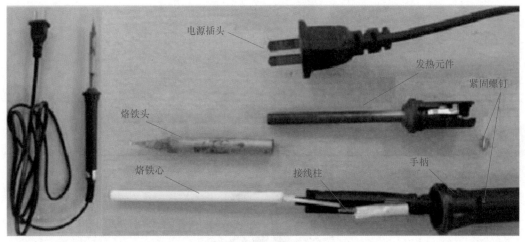

图 3-4　电烙铁

3）规格：常用的有 25W、45W、75W、100W 等。

4）安全知识：

① 在使用过程中请不要甩电烙铁，防止烙铁头脱落造成事故。

② 尽可能避免将烙铁心摔在地上。

③ 焊接完毕，烙铁头上的残留焊锡应该继续保留，以防止再次加热时出现氧化层。

④ 经常用湿抹布、浸水海绵擦拭烙铁头，可以保持烙铁头良好的上锡性能，并防止残留助焊剂对烙铁头的腐蚀。

3.4　压线钳

压线钳如图 3-5 所示。

1）作用：

① 用来压制导线"线鼻"（接线端子：裸端端子、绝缘端子、闭端子……）。

② 小直径压线钳（直径为 1~6mm）的钳口有多个半圆、六棱形牙口，将线鼻压制嵌入导线内。

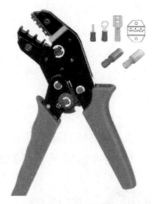

③ 大直径压线钳（直径为 12~90mm）用于压制线鼻，一般为液压钳。

2）结构及适用场合：采用凸凹虎压口设计，适用于较小直径导线与冷压端子进行连接固定。

3）安全知识：

① 检查所压端子与导线规格是否匹配。

② 压制端子时，查看压线钳是否符合所压端子的类型。

图 3-5　压线钳

③ 检查压制端子时所选用的槽口是否符合规格。

④ 压线钳使用时如果被卡死，可将手柄与钳头连接处将小挡板向钳头方向移动，则钳头自动松开。

3.5　断线钳（斜口钳）

断线钳如图 3-6 所示。

图 3-6　断线钳

1）作用：剪断较粗金属丝、线材及导线电缆。
2）分类：铁柄断线钳、管柄断线钳、绝缘柄断线钳（耐压等级为 500V）。
3）安全知识：
① 带电作业时，手不要触及钳头。
② 带电作业时，检查绝缘柄的好坏。

3.6　剥线钳

剥线钳如图 3-7 所示。

图 3-7　剥线钳

1）作用：剥削小直径导线绝缘层。
2）耐压等级：500V。
3）使用方法：将要剥削的导线绝缘层长度用标尺确定好后，即可把导线放入相应的刃口中（比导线直径稍大），用手将钳柄握紧，绝缘层就会被割破，然后手动拔出即可。

3.7　万用表

数字万用表如图 3-8 所示。

图 3-8 数字万用表

1. 交流电压测量

1）将红表笔插入"VΩ"插孔，黑表笔插入"COM"插孔。

2）正确选择量程，将功能开关置于 ACV 交流电压量程档，如果事先不清楚被测电压的大小，应先选择最高量程档，然后根据读数需要逐步调低测量量程档。

3）将测试笔并联到待测电源或负载上，从显示器上读取测量结果。

⚠ **注意：**

1）如果事先对被测电压范围没有概念，应将量程开关转到最高档位，然后根据显示值转至相应档位。

2）未测量时，小电压档有残留数字属于正常现象，不影响测量，如果测量时高位显示"1"，则表明已超过量程范围，须将量程开关转至较高档位。

3）输入电压切勿超过 $700V_{rms}$（V_{rms} 指电压的有效值），如果超过，则有损坏仪表线路的危险。

4）当测量高压电路时，应注意避免触及高压电路。

2. 直流电压测量

1）将红表笔插入"VΩ"插孔，黑表笔插入"COM"插孔。

2）正确选择量程，将功能开关置于 DCV 直流电压量程档，如果事先不清楚被测电压的大小，应先选择最高量程档，然后根据读数需要逐步调低测量量程档。

3）将测试笔并联到待测电源或负载上，从显示器上读取测量结果。

⚠ **注意：**

1）如果事先对被测电压范围没有概念，应将量程开关转到最高档位，然后根据显示值转至相应档位。

2）未测量时，小电压档有残留数字属于正常现象，不影响测量，如果测量时高位显示"1"，则表明已超过量程范围，须将量程开关转至较高档位。

3）输入电压切勿超过 1000V，如果超过，则有损坏仪表线路的危险。

4）当测量高压电路时，应注意避免触及高压电路。

3. 直流电流测量

1）将黑表笔插入"COM"插孔，红表笔插入"mA"插孔（最大为2A）或"20A"插孔（最大为20A）。

2）将量程开关转至相应的DCA档位上，然后将仪表串联到被测电路中，被测电流值及红表笔点的电流极性将同时显示在屏幕上。

> ⚠ **注意：**
>
> 1）如果事先对被测电流范围没有概念，应将量程开关转到最高档位，然后根据显示值转至相应档位。
>
> 2）如LCD显示"1"，则表明已超过量程范围，须将量程开关调高一档。
>
> 3）最大输入电流为2A或20A（视红表笔插入位置而定），过大的电流会将熔丝（也称保险丝）熔断。在测量20A要注意，该档位没有保护，连续测量大电流将会使电路发热，影响测量精度甚至损坏仪表。

4. 电阻测量

1）将黑表笔插入"COM"插孔，红表笔插入V/Ω/Hz插孔。

2）将所测开关转至相应的电阻量程上，将两表笔跨接在被测电阻上。

> ⚠ **注意：**
>
> 1）如果电阻值超过所选的量程值，则会显示"1"，这时应将开关转高一档；当测量电阻值超过1MΩ时，读数需几秒才能稳定，这在测量高电阻值时是正常的。
>
> 2）当输入端开路时，则显示过载情形。
>
> 3）测量在线电阻时，要先确认被测电路所有电源已关闭且所有电容都已完全放电，才可进行。
>
> 4）请勿在电阻量程输入电压。

5. 注意事项

1）该仪表是一台精密仪器，使用者不要随意更改电路。

2）不要将高于1000V的直流电压或700V的交流电压接入。

3）不要在量程开关处于Ω位置时，去测量电压值。

4）在电池没有装好或后盖没有盖紧时，不要使用此表进行测量工作。

5）在更换电池或熔丝前，要将测量表笔从测量点移开，并关闭电源开关。

6. 电池更换

注意9V电池使用情况，当LCD显示"🔋"符号时，应更换电池，步骤如下：

1）按指示拧动后盖上电池门的两个固定锁钉，退出电池门。

2）取下9V电池，换上新的电池，虽然可使用任何标准的9V电池，但为了增加使用寿命，最好使用碱性电池。

3）如果长时间不使用仪表，应取出电池。

CHAPTER 4

第 4 章

设备安装工艺规范

4.1   元件、槽板的安装要求

1. 元件安装要求

1) 排列整齐。

2) 间距合理。

3) 便于更换。

2. 槽板安装要求

1) 横平竖直。

2) 整齐均匀。

3) 安装牢固。

4) 便于走线。

元件、槽板的安装效果如图 4-1 所示。

图 4-1　元件、槽板的安装效果

4.2   布线工艺要求

布线工艺要求见表 4-1。

表 4-1　布线工艺要求

序号	说　明	图　示
1	断路器、熔断器的受电端子应安装在控制板外侧	受电端子

（续）

序号	说　　明	图　　示
2	各元器件的安装位置应整齐、均匀、间距合理,便于元件的更换	
3	安装各元件时,用力要均匀,紧固程度适当,勿损坏元件	
4	导轨截断时,截口应平直并垂直于导轨,端头应倒角无毛刺	
5	同一直线的导轨不允许两段连接,每节导轨的固定点不应少于两个	
6	导轨铺设必须保证水平或垂直,全长最大允许偏差为±1mm	
7	布线通道要尽可能少,同路并行导线按主电路和控制电路分类集中,单层密排,紧贴安装面布线 主电路与控制电路分开敷设	 红色为主电路,绿色为控制电路

（续）

序号	说　明	图　示
8	同一平面的导线应高低一致或前后一致，不能交叉。无法避免交叉时，导线应在接线端子引出时就水平架空跨越，且必须走线合理	
9	布线顺序一般以接触器为中心，按由里向外、由低至高，先控制电路、后主电路的顺序进行，以不妨碍后续布线为原则	
10	布线应横平竖直，分布均匀。变换走向时应垂直转向	
11	布线时严禁损伤线芯和导线绝缘	
12	在每根剥去绝缘层导线的两端套上编码套管	
13	1）号码管水平方向或置于接线端子左右两侧时，号码管文字方向从左往右读取 2）号码管垂直方向或置于接线端子上下两侧时，号码管文字方向从下往上读取 3）当套管方向在1、3角时，文字方向从下往上读取 4）当套管方向在2、4角时，文字方向从上往下读取	
14	所有从一个接线端子到另一个接线端子的导线必须连续，中间无中断、无接头	

（续）

序号	说　明	图　示
15	导线与接线端子连接时,应不压绝缘层、不反圈及不露铜过长	
16	同一元件、同一回路的不同接点的导线间距离应保持一致	
17	一个电器元件接线端子上的连接导线不得多于两根	
18	每节接线端子板上的连接导线一般只允许连接一根	

4.3　技能大赛工艺规范

技能大赛工艺规范见表 4-2。

表 4-2 技能大赛工艺规范

序号	安装部位	技术规范与要求	示 例	
			合格	不合格
1	工具使用	工具要在专门的实训台上分类摆放好		
2	输送机机架	输送机支架与安装台台面垂直,不倾斜		
3	支架与机架固定钉	要使固定螺钉产生较大的静摩擦力矩,保证支架与机架之间的连接,因此固定螺钉之间的距离应尽量大		
4	输送带调节	调节输送带后,调节螺钉应水平,支架与输送机机架的连接螺钉要拧紧且上侧面与机架平齐 输送带主、副辊轴(辊轴也称罗拉)平行,输送带松紧适度,运行时输送带不跑偏		

（续）

序号	安装部位	技术规范与要求	示　例	
			合格	不合格
5	拖动电动机的安装支架	拖动电动机安装支架底座与安装平台之间应垫上防震垫		
6	输送机机架的高度	输送机机架安装高度要从机架的前、后、左、右四个位置测量,最大尺寸与最小尺寸的差应≤1mm		
7	电动机轴与输送带主辊轴的连接	电动机轴轴径与输送带主辊轴轴线应为同一水平直线,防止运行时输送机和电动机跳动		
8	输送机上安装的传感器	输送机上传感器的安装高度以能准确检测到物件为宜。与输送带距离太大,则不能准确检测物件;与输送带距离太小,则影响物件通过		
9	检测传感器	出料槽与带输送机支架结合处应过渡平滑,无缝隙,不影响物料进入出料槽		

（续）

序号	安装部位	技术规范与要求	示 例	
			合格	不合格
10	推杆气缸	输送机上出料气缸安装孔的中心线与传感器支架上推头出入孔的中心线应在同一水平线上，不能上下、左右偏移，影响气缸活塞杆的运动		
11	机械手机架	机械手机架两立柱平行且与安装台台面垂直		
12	模块固定	安装完成的模块要稳固，不能有晃动或异响		

（续）

序号	安装部位	技术规范与要求	示 例	
			合格	不合格
13	警示灯的安装高度和立柱	1）在没有标示安装高度的标尺时，警示灯不能被设备的其他硬件遮挡，应安装在能全部看见警示灯报警的显著位置 2）警示灯立柱应垂直于安装平台，且应贴紧安装台面，不能悬空 3）警示灯立柱应竖直，不能前后、左右倾斜		
14	固定螺栓	传感器支架和固定支架的固定螺栓应螺栓头在上，不能相反		
15	行线槽的固定	安装在平台上的行线槽，距两端≤50mm处应有螺钉固定，中部螺钉固定点之间的距离应为400~600mm 行线槽的长度不能超过安装平台的长度		
16	行线槽的转角	行线槽转角为90°时，无论是底槽还是盖板，都应切45°斜口，且拼接缝隙≤1mm		

（续）

序号	安装部位	技术规范与要求	示　例	
			合格	不合格
17	行线槽的T形分支及切口	行线槽 T 形安装时，分支底槽应插入主槽 10~20mm，或两个 45°斜切口组成 90°接口；盖板可不插入，接缝处缝隙≤2mm 行线槽裁切时应切得平行，不能有尖角和凹凸不平		
18	型材封边及切口	所有型材端部都应加装封盖，切口必须平滑无毛刺		
19	气源组件	气源组件应正立安装，各零件不能倾斜		
20	导线及绝缘层	传感器不用芯线应剪掉，并用热塑管套住或用绝缘胶带包裹在护套绝缘层的根部，不可裸露 传感器芯线的绝缘层应完好，不能有损伤		
21	导线进入行线槽	导线芯线进入行线槽应与行线槽垂直，且不交叉 导线外露部分不能太长或太短		

（续）

序号	安装部位	技术规范与要求	示　例	
			合格	不合格
22	行线槽的导线	导线不能延伸出行线槽且不宜过长，预留长度不宜超过100～200mm，避免造成浪费，预留的导线应折好放进行线槽里		
23	行线槽	线槽必须全部合实，所有槽齿必须盖严		
24	冷压端子	冷压端子处不能看到外露的裸线　将冷压端子插入终端模块		
25	冷端压子	一个冷压端子不能同时压两条线		
26	绑扎	当电缆、光纤电缆和气管都作用于同一个活动模块时，允许绑扎在一起		—

序号	安装部位	技术规范与要求	示　例	
			合格	不合格
27	第一个绑扎点绑扎	第一个绑扎点距器件高应为3~4cm。距离太小容易折断导线；距离太大显得凌乱		
28	绑扎点之间的距离	一束导线绑扎点之间的距离应一致，以≤50mm为宜。间距小浪费绑扎带；间距大没有绑扎效果		
29	绑扎	绑扎带切割后剩余长度需≤1mm，以免伤人		
30	导线梳理	绑扎在一起的导线应理顺，而且要做到条理分明，不能交叉		
31	号码管	号码管要与导线规格一致，标注要清晰明亮，方向要一致（可以遵循从上到下、从左到右的原则）		

（续）

序号	安装部位	技术规范与要求	示　例	
			合格	不合格
32	线夹子固定导线束	未进入行线槽而露在安装台台面的导线,应使用线夹子固定在台面上或部件的支架上,不能直接塞入铝合金型材的安装槽		
33	线夹子固定导线束	所有电缆、气管和电线都必须使用线缆托架进行固定。可以进行短连接。如果可以将线缆切割到合适的长度,则不允许留线圈		
34	工具使用	工具不得遗留在工作站上或工作区域的地面上 工作站上不得留有未使用的零部件和工件		
35	环境卫生	工作站、周围区域及工作站下方应干净整洁(用扫帚打扫干净)		

CHAPTER 5

第 5 章

现场6S管理

现场 6S 管理要求见表 5-1。

表 5-1　现场 6S 管理要求

序号	项目	详情	合格	不合格
1	整理	根据元器件明细表准备工具与元器件	工具、元器件与清单一致	多领或少领工具与元器件
		根据工具使用规范使用工具	正确握法	错误握法
		根据工艺要求安装元器件	正确安装元器件	损坏元器件
2	整顿	将物品整齐放置在指定的位置		
		按电路图进行接线及操作	按图接线	不按图接线
3	清扫	实训结束时将实训区域清扫干净		
		将连接的导线拆除		
4	清洁	清理现场杂物		
		规范摆放操作工具		

（续）

序号	项目	详情	合格	不合格
5	安全	了解用电常识、急救知识，严禁违规操作		如私接电线等危险行为
		按规定着装		
6	素养	不迟到早退 特殊原因无法参加实训需提前请假 服从管理，按要求进行实操 团结同学，互帮互助	—	—

CHAPTER 6

第 6 章

实训项目任务

项目1 一个按钮点动控制一盏灯编程实训

【工作情景】

某写字楼的一盏灯由汇川 H1S 系列 PLC 控制,使用人员按下按钮,该灯即可点亮,松开按钮,该灯即可熄灭。现硬件已经安装完毕,需要编程人员对此进行编程,以便该盏灯可以正常投入使用。

【工作任务】

一个按钮点动控制一盏灯编程实训。

【完成时间】

此工作任务完成时间为 2 课时,指导性课时安排见项表 1-1。

项表 1-1 指导性课时安排

课时	内　容	备　注
1	课题引入、PLC 控制原理认知、I/O 分配表绘制、I/O 接线图绘制、编程操作示范、项目编程练习	原理认知请阅读本书第 2 章
2	编程实训,项目扩展练习	

【任务目标】

有一盏灯,请通过 PLC 编程实现按钮对它的点动控制。

【任务要求】

1)绘制 I/O 分配表与 I/O 接线图。

2)制作项目材料清单。

3)以 6S 作业规范来实施项目。

4)完成按钮点动控制的程序编写。

5)完成通电前的线路排查。

6)完成程序认证。

7)严格按照第 1 章的安全规范标准实施本项目。

【学习目标】

1)掌握 PLC 软件的一般编程使用步骤。

2)掌握 I/O 分配表的绘制方法。

3)掌握 PLC 输入点和输出点的接线方法。

4)掌握项目实施过程中的 6S 要点。

5)掌握项目实施安全规范标准。

【项目实施】

1. 项目实施流程（项图 1-1）

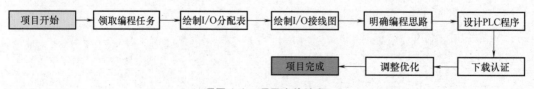

项图 1-1 项目实施流程

2. 写出 I/O 地址分配

本项目的 I/O 分配见项表 1-2。

项表 1-2 I/O 分配

输入 (Input)		输出 (Output)	
功能	PLC 地址	功能	PLC 地址
按钮	X0	灯	Y0

3. 画出 PLC 的 I/O 接线图

本项目的 I/O 接线图如项图 1-2 所示。

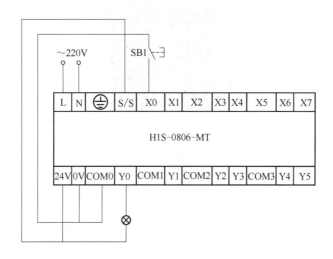

项图 1-2 项目 I/O 接线图

4. 程序设计

根据 I/O 分配表及项目控制要求分析,画出本项目控制的梯形图。

项目编程思路分析见项表 1-3。

项表 1-3 项目编程思路分析

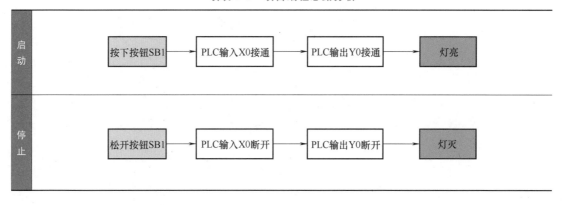

5. PLC 编程软件使用步骤（项表 1-4，需通电后才可下载程序）

项表 1-4 PLC 编程软件使用步骤

序　号	图　示	备　注
第 1 步:新建一个保存工程程序的文件夹	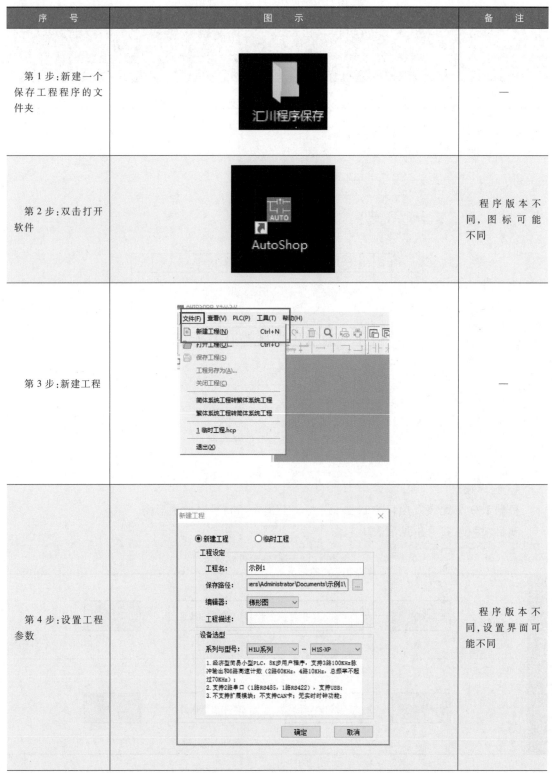	—
第 2 步:双击打开软件		程序版本不同,图标可能不同
第 3 步:新建工程		—
第 4 步:设置工程参数		程序版本不同,设置界面可能不同

（续）

序　号	图　　示	备　注
第5步：在编程窗口编辑程序	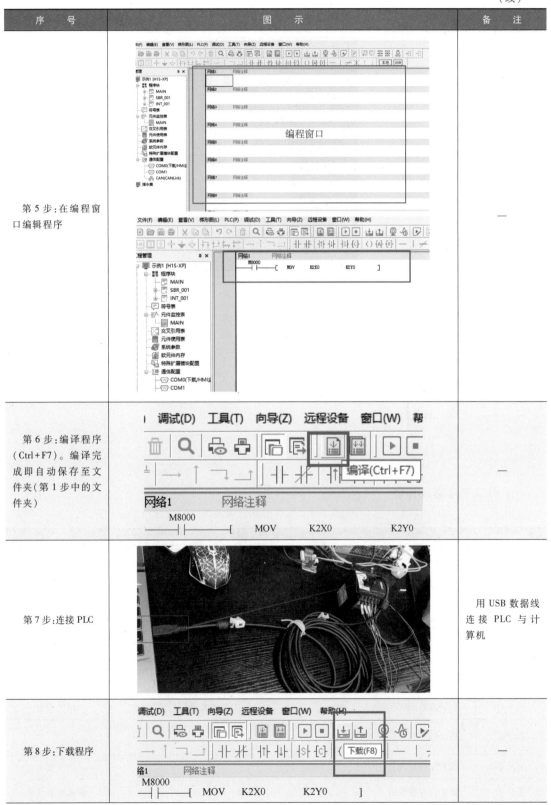	—
第6步：编译程序（Ctrl+F7）。编译完成即自动保存至文件夹（第1步中的文件夹）		—
第7步：连接PLC		用USB数据线连接PLC与计算机
第8步：下载程序		—

（续）

序　号	图　示	备　注
第9步：试运行 （PLC 由 STOP 切换 至 RUN）		—

6. 项目程序（项图 1-3）

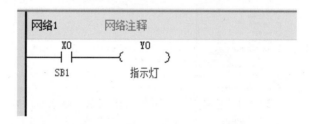

项图 1-3　项目程序

7. PLC 程序调试步骤（项表 1-5）

项表 1-5　PLC 程序调试步骤

操作步骤	操作内容	结果	6S
第1步	将 RUN/STOP 开关拨到"STOP"位置		爱护实训设备
第2步	插座取电，合上漏电开关，PLC 实训板上电	PLC"PWR"指示灯亮，上电成功	用电安全
第3步	连接 PLC 与计算机，将程序下载至 PLC 内		
第4步	将 RUN/STOP 开关拨到"RUN"位置	"RUN"指示灯亮，模式切换成功	爱护实训设备
第5步	按下按钮 SB1	Y0 接通，灯亮	用电安全
第6步	松开按钮 SB1	Y0 断开，灯灭	用电安全
第7步	将 RUN/STOP 开关拨到"STOP"位置	"RUN"指示灯灭，STOP成功	
第8步	断开漏电开关，拔掉插头，PLC 实训板断电		用电安全
第9步	整理实训板线路		恢复实训设备

8. 评分标准（项表 1-6）

项表 1-6 项目实施评分标准

项目内容	配分	评分标准	评分依据	得分
职业素养	20分	遵守规章制度、劳动纪律 按时按质完成工作任务 积极主动承担工作任务，勤学好问 人身安全与设备安全 工作岗位 6S	1）出勤 2）工作态度 3）劳动纪律 4）团队协作精神 5）6S	
专业能力	60分	掌握编程软件的使用步骤 掌握项目 I/O 分配表的绘制方法 掌握 PLC 输入点和输出点的接线方法 掌握项目实施过程中的 6S 要点 掌握项目实施安全规范标准 独立完成项目实训	1）操作的准确性与规范性 2）项目完成情况	
创新能力	20分	在任务过程中能提出自己的、有见解的方案 在教学管理上能提出建议，具有合理性、创新性 在项目实施过程中，能根据项目设备设计关联题目，开展编程实训	1）方法可行性 2）建议合理性、创新性 3）题目关联性	
定额时间	\multicolumn{3}{	}{0.5h（每超 5min（不足 5min 以 5min 计）}	扣 5 分	
备注	\multicolumn{3}{	}{除定额时间外，各项目的最高扣分不应超过配分数}	成绩	
开始时间		结束时间	实际时间	

9. 项目扩展

某写字楼的一盏灯由汇川 H1S 系列 PLC 控制，使用人员按下按钮，该灯亮，松开按钮该灯也保持点亮状态；再次按下按钮，该灯熄灭。请根据控制要求绘制 I/O 分配表和 I/O 接线图，并编写 PLC 程序。

1）I/O 分配表。

2）I/O 接线图。

3）PLC 程序。

项目 2　两个按钮连续控制一盏灯编程实训

【工作情景】

某台自动化设备控制柜的一盏灯由汇川 H1S 系列 PLC 控制，使用人员按下开灯按钮，该灯即可点亮，松开该按钮该灯保持点亮状态，工作结束后按下关灯按钮，该灯熄灭。现硬件已经安装完毕，需要编程人员对此进行编程，以便该盏灯可以正常投入使用。

【工作任务】

两个按钮连续控制一盏灯编程实训。

【完成时间】

此工作任务完成时间为 3 课时，指导性课时安排见项表 2-1。

项表 2-1　指导性课时安排

课时	内　容	备　注
1~2	课题引入、PLC 控制原理认知、I/O 分配表绘制、I/O 接线图绘制、编程操作示范、项目编程练习	原理认知请阅读本书第 2 章
3	编程实训，项目扩展练习	

【任务目标】

有一盏灯，请通过 PLC 编程实现两个按钮对它的连续点亮控制。

【任务要求】

1）绘制 I/O 分配表与 I/O 接线图。

2）制作项目材料清单。

3）以 6S 作业规范来实施项目。

4）完成按钮连续控制的程序编写。

5）完成通电前的线路排查。

6）完成程序认证。

7）严格按照第 1 章的安全规范标准实施本项目。

【学习目标】

1）掌握 PLC 软件的一般编程使用步骤。

2）掌握 I/O 分配表的绘制方法。

3）掌握 PLC 输入点和输出点的接线方法。

4）掌握自锁的原理。

5）掌握项目实施过程中的 6S 要点。

6）掌握项目实施安全规范标准。

【项目实施】

1. 项目实施流程（项图 2-1）

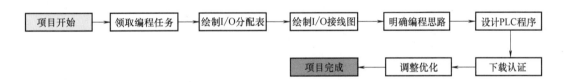

项图 2-1　项目实施流程

2. 写出 I/O 地址分配

本项目的 I/O 分配见项表 2-2。

项表 2-2　I/O 分配

输入（Input）		输出（Output）	
功能	PLC 地址	功能	PLC 地址
开灯按钮	X0	灯	Y0
关灯按钮	X1		

3. 画出 PLC 的 I/O 接线图

本项目的 I/O 接线图如项图 2-2 所示。

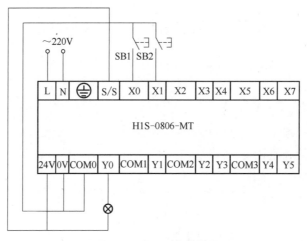

项图 2-2　项目 I/O 接线图

4. 程序设计

根据 I/O 分配表及项目控制要求分析，画出本项目控制的梯形图。

项目编程思路分析见项表 2-3。

项表 2-3　项目编程思路分析

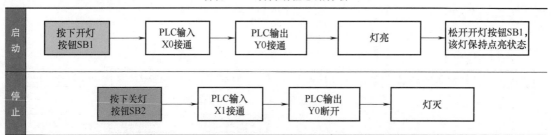

5. PLC 编程软件使用步骤（项表 2-4，需通电后才可下载程序）

项表 2-4　PLC 编程软件使用步骤

序　　号	图　　示	备　　注
第 1 步:新建一个保存工程程序的文件夹	汇川程序保存	—
第 2 步:双击打开软件	AutoShop	程序版本不同,图标可能不同

（续）

序　号	图　　示	备　注
第3步:新建工程	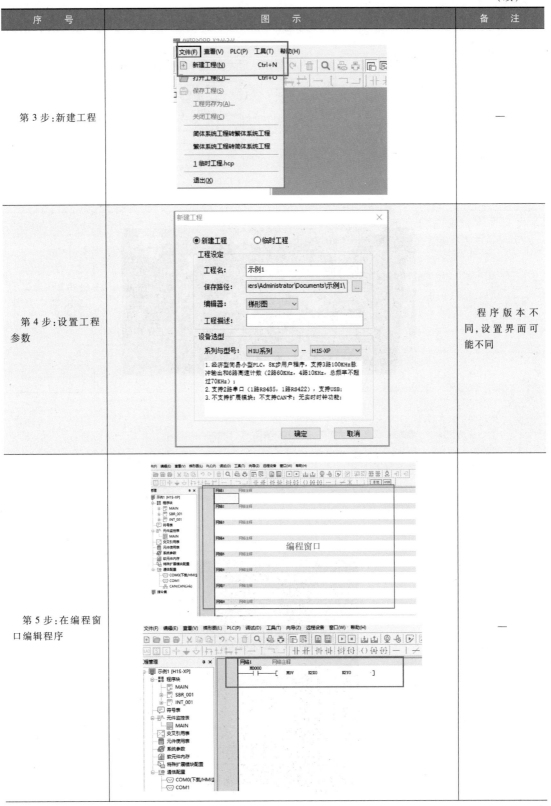	—
第4步:设置工程参数		程序版本不同,设置界面可能不同
第5步:在编程窗口编辑程序		—

（续）

序　号	图　示	备　注
第6步：编译程序（Ctrl+F7）。编译完成即自动保存至文件夹（第1步中的文件夹）	调试(D)　工具(T)　向导(Z)　远程设备　窗口(W)　帮 编译(Ctrl+F7) 网络1　　网络注释 M8000 ——┤├——[　MOV　　K2X0　　　K2Y0	—
第7步：连接PLC		用USB数据线连接PLC与计算机
第8步：下载程序	调试(D)　工具(T)　向导(Z)　远程设备　窗口(W)　帮助(H) 下载(F8) 络1　　网络注释 M8000 ——┤├——[　MOV　K2X0　　K2Y0　　]	—
第9步：试运行（PLC由STOP切换至RUN）		—

6. 项目程序（项图 2-3）

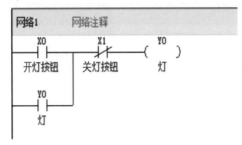

项图 2-3　项目程序

7. PLC 程序调试步骤（项表 2-5）

项表 2-5　PLC 程序调试步骤

操作步骤	操作内容	结果	6S
第 1 步	将 RUN/STOP 开关拨到"STOP"位置		爱护实训设备
第 2 步	插座取电，合上漏电开关，PLC 实训板上电	PLC"PWR"指示灯亮，上电成功	用电安全
第 3 步	连接 PLC 与计算机，将程序下载至 PLC 内		
第 4 步	将 RUN/STOP 开关拨到"RUN"位置	"RUN"指示灯亮，模式切换成功	爱护实训设备
第 5 步	按下开灯按钮 SB1	Y0 接通，灯亮	用电安全
第 6 步	松开开灯按钮 SB1	Y0 保持接通，灯亮	用电安全
第 7 步	按下关灯按钮 SB2	Y0 断开，灯灭	用电安全
第 8 步	将 RUN/STOP 开关拨到"STOP"位置	"RUN"指示灯灭，STOP成功	
第 9 步	断开漏电开关，拔掉插头，PLC 实训板断电		用电安全
第 10 步	整理实训板线路		恢复实训设备

8. 评分标准（项表 2-6）

项表 2-6　项目实施评分标准

项目内容	配分	评分标准	评分依据	得分
职业素养	20 分	遵守规章制度、劳动纪律 按时按质完成工作任务 积极主动承担工作任务，勤学好问 人身安全与设备安全 工作岗位 6S	1）出勤 2）工作态度 3）劳动纪律 4）团队协作精神 5）6S	
专业能力	60 分	掌握编程基本指令 LD、LDI、OR、ORI 的运用 掌握项目 I/O 分配表的绘制方法 掌握 PLC 输入点和输出点的接线方法 掌握项目实施过程中的 6S 要点 掌握项目实施安全规范标准 独立完成项目实训	1）操作的准确性与规范性 2）项目完成情况	

（续）

项目内容	配分	评分标准	评分依据	得分
创新能力	20 分	在任务过程中能提出自己的、有见解的方案	1）方法可行性 2）建议合理性、创新性 3）题目关联性	
		在教学管理上能提出建议，具有合理性、创新性		
		在项目实施过程中，能根据项目设备设计关联题目，开展编程实训		
定额时间	0.5h，每超 5min（不足 5min 以 5min 计）		扣 5 分	
备注	除定额时间外，各项目的最高扣分不应超过配分数		成绩	
开始时间		结束时间	实际时间	

9. 项目扩展

1）在松开开灯按钮 SB1 后，灯为什么会继续保持接通状态？

2）借鉴了项图 2-3 的项目程序后，你能否想出其他编程方案来完成控制要求？请在下方写出程序。

项目 3　一个按钮控制一盏灯亮与灭编程实训

【工作情景】

某写字楼的一盏灯由汇川 H1S 系列 PLC 控制，但因控制点不够只能用一个按钮控制灯的亮与灭，使用人员按下按钮，该灯即可点亮，松开按钮该灯保持点亮状态；再次按下该按钮才能把灯熄灭。现硬件已经安装完毕，需要编程人员对此进行编程，以便该盏灯可以正常投入使用。

【工作任务】

一个按钮控制一盏灯亮与灭编程实训。

【完成时间】

此工作任务完成时间为 3 课时，指导性课时安排见项表 3-1。

项表 3-1　指导性课时安排

课时	内　　容	备　　注
1~2	课题引入、PLC 控制原理认知、I/O 分配表绘制、I/O 接线图绘制、编程操作示范、项目编程练习	原理认知请阅读本书第 2 章
3	编程实训，项目扩展练习	

【任务目标】

有一盏灯，请通过 PLC 编程实现一个按钮对它的连续点亮以及熄灭控制。

【任务要求】

1）绘制 I/O 分配表与 I/O 接线图。

2）制作项目材料清单。

3）以 6S 作业规范来实施项目。

4）完成按钮连续控制的程序编写。

5）完成通电前的线路排查。

6）完成程序认证。

7）严格按照第 1 章的安全规范标准实施本项目。

【学习目标】

1）掌握 PLC 软件的一般编程使用步骤。

2）掌握 I/O 分配表的绘制方法。

3）掌握 PLC 输入点和输出点的接线方法。

4）掌握上升沿触发的工作要点。

5）掌握交替指令 ALT 的使用。

6）掌握项目实施过程中的 6S 要点。

7）掌握项目实施安全规范标准。

【项目实施】

1. 项目实施流程（项图 3-1）

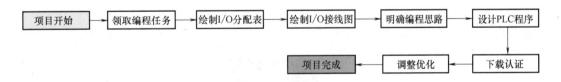

项图 3-1　项目实施流程

2. 写出 I/O 地址分配

本项目的 I/O 分配见项表 3-2。

项表 3-2　I/O 分配

输入（Input）		输出（Output）	
功能	PLC 地址	功能	PLC 地址
按钮	X0	灯	Y0

3. 画出 PLC 的 I/O 接线图

本项目的 I/O 接线图如项图 3-2 所示。

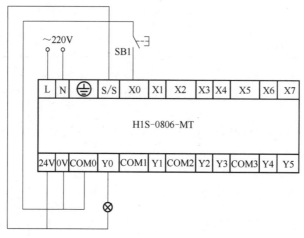

项图 3-2　项目 I/O 接线图

4. 程序设计

根据 I/O 分配表及项目控制要求分析，画出本项目控制的梯形图。

项目编程思路分析见项表 3-3。

项表 3-3　项目编程思路分析

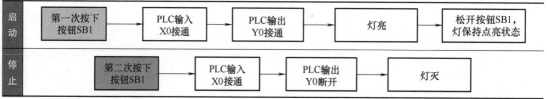

5. PLC 编程软件使用步骤（项表 3-4，需通电后才可下载程序）

项表 3-4　PLC 编程软件使用步骤

序　号	图　示	备　注
第 1 步:新建一个保存工程程序的文件夹	汇川程序保存	—
第 2 步:双击打开软件	AutoShop	程序版本不同，图标可能不同

（续）

序 号	图 示	备 注
第3步：新建工程	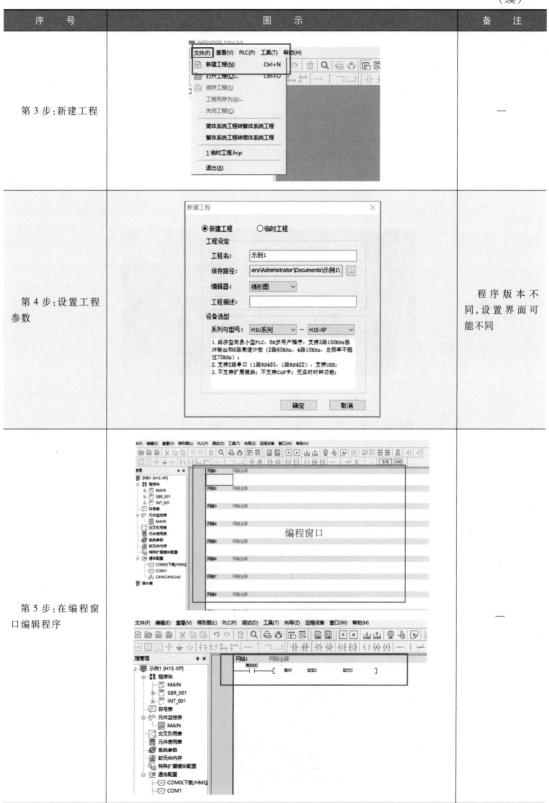	—
第4步：设置工程参数		程序版本不同，设置界面可能不同
第5步：在编程窗口编辑程序		—

（续）

序　号	图　示	备　注
第6步:编译程序（Ctrl+F7）。编译完成即自动保存至文件夹（第1步中的文件夹）	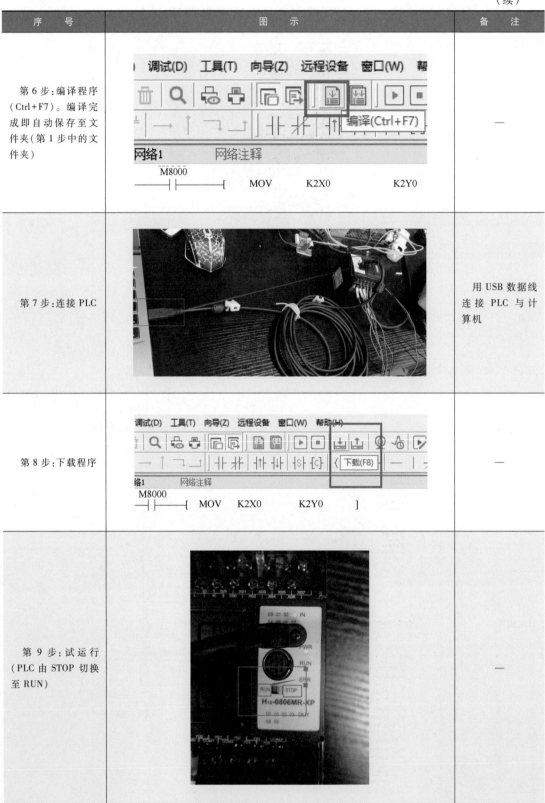	—
第7步:连接PLC		用USB数据线连接PLC与计算机
第8步:下载程序		—
第9步:试运行（PLC由STOP切换至RUN）		—

6. 项目程序（项图3-3）

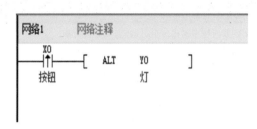

项图3-3　项目程序

7. PLC 程序调试步骤（项表3-5）

项表3-5　PLC 程序调试步骤

操作步骤	操作内容	结果	6S
第1步	将 RUN/STOP 开关拨到"STOP"位置		爱护实训设备
第2步	插座取电,合上漏电开关,PLC 实训板上电	PLC"PWR"指示灯亮,上电成功	用电安全
第3步	连接 PLC 与计算机,将程序下载至 PLC 内		
第4步	将 RUN/STOP 开关拨到"RUN"位置	"RUN"指示灯亮,模式切换成功	爱护实训设备
第5步	第一次按下按钮 SB1	Y0 接通,灯亮	用电安全
第6步	松开按钮 SB1	Y0 保持接通,灯亮	用电安全
第7步	第二次按下按钮 SB1	Y0 断开,灯灭	用电安全
第8步	将 RUN/STOP 开关拨到"STOP"位置	"RUN"指示灯灭,STOP成功	
第9步	断开漏电开关,拔掉插头,PLC 实训板断电		用电安全
第10步	整理实训板线路		恢复实训设备

8. 评分标准（项表3-6）

项表3-6　项目实施评分标准

项目内容	配分	评分标准	评分依据	得分
职业素养	20分	遵守规章制度、劳动纪律 按时按质完成工作任务 积极主动承担工作任务,勤学好问 人身安全与设备安全 工作岗位 6S	1)出勤 2)工作态度 3)劳动纪律 4)团队协作精神 5)6S	
专业能力	60分	熟练掌握交替指令 ALT 的使用 熟练掌握 I/O 分配表的绘制方法 掌握 PLC 输入点和输出点的接线方法 掌握项目实施过程中的 6S 要点 掌握项目实施安全规范标准 具有较强的信息分析处理能力 能独立完成项目程序的编写、输入、下载、调试等	1)操作的准确性与规范性 2)项目完成情况	

57

（续）

项目内容	配分	评分标准		评分依据	得分
创新能力	20分	在任务过程中能提出自己的、有见解的方案		1）方法可行性 2）建议合理性、创新性 3）题目关联性	
		在教学管理上能提出建议，具有合理性、创新性			
		在项目实施过程中，能根据项目设备设计关联题目，开展编程实训			
定额时间	0.5h，每超5min(不足5min以5min计)			扣5分	
备注	除定额时间外，各项目的最高扣分不应超过配分数			成绩	
开始时间		结束时间		实际时间	

9. 项目扩展

某自动化设备由汇川 H1S 系列 PLC 控制，现需要对其传送带进行点动与连续的动作调试，这样就需要对电动机进行点动与连续的控制。灯为电动机运转状态指示灯，使用人员按下连续按钮，该灯亮（电动机转动），松开按钮该灯保持点亮状态（电动机保持转动）；按下停止按钮，该灯熄灭（电动机停止转动）；按下点动按钮，该灯亮（电动机转动），松开按钮该灯熄灭（电动机停止转动）。请根据控制要求绘制 I/O 分配表和 I/O 接线图，并编写 PLC 程序。

1）I/O 分配表。

2）I/O 接线图。

3）PLC 程序。

项目 4 按钮控制一盏灯点动与连续编程实训

【工作情景】

某工厂要对厂内新设备的传送带功能进行测试，测试其点动以及连续的动作，按下点动按钮，电动机进行点动运转；按下连续按钮，电动机进行连续运转；按下停止按钮，电动机停止转动；以指示灯来显示电动机的运行状态。现硬件已经安装完毕，需要编程人员对此进行编程，以便设备可以正常投入使用。

【工作任务】

按钮控制一盏灯点动与连续编程实训。

【完成时间】

此工作任务完成时间为 4 课时，指导性课时安排见项表 4-1。

项表 4-1 指导性课时安排

课时	内 容	备 注
1~2	课题引入、PLC 控制原理认知、I/O 分配表绘制、I/O 接线图绘制、编程操作示范、项目编程练习	原理认知请阅读本书第 2 章
3~4	编程实训,项目扩展练习	

【任务目标】

有一盏灯，请通过 PLC 编程实现按钮对它的点动与连续控制。

【任务要求】

1）绘制 I/O 分配表与 I/O 接线图。

2）制作项目材料清单。

3）以 6S 作业规范来实施项目。

4）完成按钮点动与连续控制的程序编写。

5）完成通电前的线路排查。

6）完成程序认证。

7）严格按照第 1 章的安全规范标准实施本项目。

【学习目标】

1）掌握 PLC 软件的一般编程使用步骤。

2）掌握 I/O 分配表的绘制方法。

3）掌握 PLC 输入点和输出点的接线方法。

4）掌握项目实施过程中的 6S 要点。

5）掌握项目实施安全规范标准。

【项目实施】

1. 项目实施流程（项图 4-1）

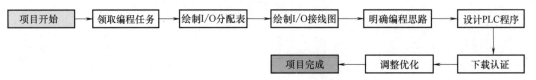

项图 4-1 项目实施流程

2. 写出 I/O 地址分配

本项目的 I/O 分配见项表 4-2。

项表 4-2 I/O 分配

输入（Input）		输出（Output）	
功能	PLC 地址	功能	PLC 地址
连续按钮	X0	电动机指示灯	Y0
点动按钮	X1		
停止按钮	X2		

3. 画出 PLC 的 I/O 接线图

本项目的 I/O 接线图项图 4-2 所示。

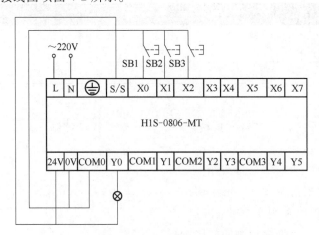

项图 4-2 项目 I/O 接线图

4. 程序设计

根据 I/O 分配表及项目控制要求分析，画出本项目控制的梯形图。

项目编程思路分析见项表 4-3。

项表 4-3 项目编程思路分析

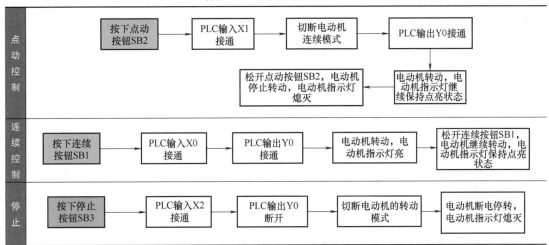

5. PLC 编程软件使用步骤（项表 4-4，需通电后才可下载程序）

项表 4-4 PLC 编程软件使用步骤

序 号	图 示	备 注
第1步:新建一个保存工程程序的文件夹		—
第2步:双击打开软件		程序版本不同,图标可能不同
第3步:新建工程		—

（续）

序　号	图　示	备　注
第4步：设置工程参数	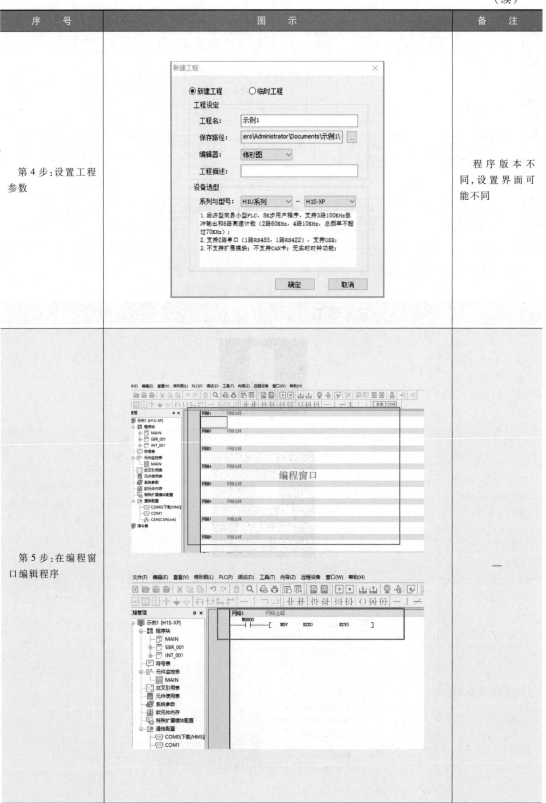	程序版本不同，设置界面可能不同
第5步：在编程窗口编辑程序		—

（续）

序 号	图 示	备 注
第6步:编译程序（Ctrl+F7）。编译完成即自动保存至文件夹（第1步中的文件夹）	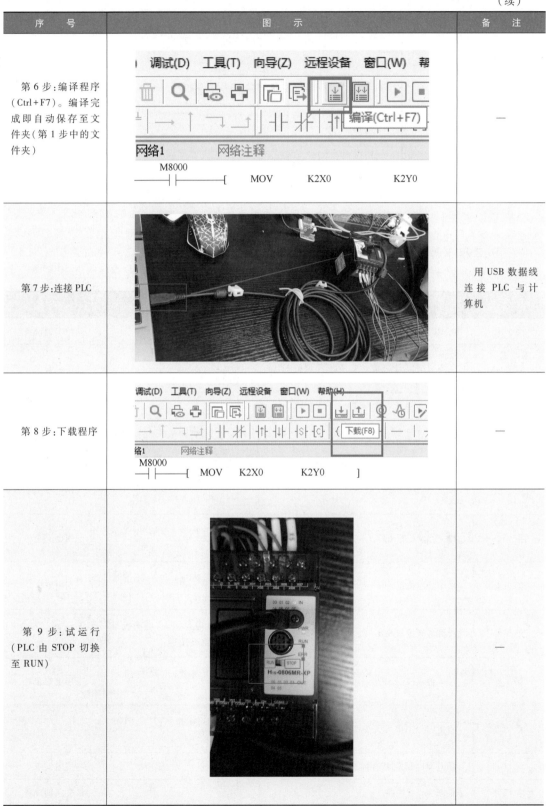	—
第7步:连接PLC		用USB数据线连接PLC与计算机
第8步:下载程序		—
第9步:试运行（PLC由STOP切换至RUN）		—

6. 项目程序（项图 4-3）

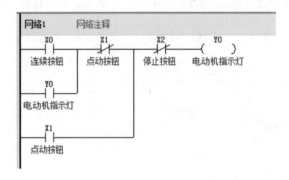

项图 4-3　项目程序

7. PLC 程序调试步骤（项表 4-5）

项表 4-5　PLC 程序调试步骤

操作步骤	操作内容	结果	6S
第 1 步	将 RUN/STOP 开关拨到"STOP"位置		爱护实训设备
第 2 步	插座取电,合上漏电开关,PLC 实训板上电	PLC"PWR"指示灯亮,上电成功	用电安全
第 3 步	连接 PLC 与计算机,将程序下载至 PLC 内		
第 4 步	将 RUN/STOP 开关拨到"RUN"位置	"RUN"指示灯亮,模式切换成功	爱护实训设备
第 5 步	按下点动按钮 SB2	Y0 接通,电动机指示灯亮	用电安全
第 6 步	松开点动按钮 SB2	Y0 断开,电动机指示灯灭	用电安全
第 7 步	按下连续按钮 SB1	Y0 接通,电动机指示灯亮	用电安全
第 8 步	松开连续按钮 SB1	Y0 保持接通,电动机指示灯继续亮	用电安全
第 9 步	按下停止按钮 SB3	Y0 断开,电动机指示灯灭	用电安全
第 10 步	将 RUN/STOP 开关拨到"STOP"位置	"RUN"指示灯灭,STOP成功	
第 11 步	断开漏电开关,拔掉插头,PLC 实训板断电		用电安全
第 12 步	整理实训板线路		恢复实训设备

8. 评分标准（项表4-6）

项表4-6 项目实施评分标准

项目内容	配分	评分标准	评分依据	得分
职业素养	20分	遵守规章制度、劳动纪律 按时按质完成工作任务 积极主动承担工作任务,勤学好问 人身安全与设备安全 工作岗位6S	1）出勤 2）工作态度 3）劳动纪律 4）团队协作精神 5）6S	
专业能力	60分	掌握项目I/O分配表的绘制方法 掌握PLC输入点和输出点的接线方法 掌握项目实施过程中的6S要点 掌握项目实施安全规范标准 熟练掌握基本指令OR、ORI、ORB、ANB的运用 熟练掌握梯形图的设计方法、调试方法 能独立完成项目程序的编写、输入、下载、调试等	1）操作的准确性与规范性 2）项目完成情况	
创新能力	20分	在任务过程中能提出自己的、有见解的方案 在教学管理上能提出建议,具有合理性、创新性 在项目实施过程中,能根据项目设备设计关联题目,开展编程实训	1）方法可行性 2）建议合理性、创新性 3）题目关联性	
定额时间	0.5h,每超5min(不足5min以5min计)		扣5分	
备注	除定额时间外,各项目的最高扣分不应超过配分数		成绩	
开始时间		结束时间	实际时间	

9. 项目扩展

现对厂内新设备的两条传送带功能进行测试,两条传送带都需要测试点动以及连续的动作,但是不能同时进行;要求使用连续、点动、停止三个按钮能够进行传送带1和传送带2相关的动作。请根据控制要求绘制I/O分配表和I/O接线图,并编写PLC程序。

1）I/O分配表。

2）I/O 接线图。

3）PLC 程序。

项目5 按钮控制两盏灯交替点亮编程实训

【工作情景】

工厂要对厂内新设备进行传送带正、反转功能测试，按下正转按钮，电动机正转，期间不能反转运行；按下反转按钮，电动机反转，期间不能正转运行；两电动机的转动要能够互锁；按下停止按钮，电动机停止转动；以正、反转指示灯来显示电动机的运行状态。现硬件已经安装完毕，需要编程人员对此进行编程，以便设备可以正常投入使用。

【工作任务】

按钮控制两盏灯交替点亮编程实训。

【完成时间】

此工作任务完成时间为 4 课时，指导性课时安排见项表 5-1。

项表 5-1 指导性课时安排

课时	内 容	备 注
1~2	课题引入、PLC 控制原理认知、I/O 分配表绘制、I/O 接线图绘制、编程操作示范、项目编程练习	原理认知请阅读本书第 2 章
3~4	编程实训,项目扩展练习	

【任务目标】

有两盏灯，请通过 PLC 编程实现按钮对它们的交替点亮控制。

【任务要求】

1）绘制 I/O 分配表与 I/O 接线图。

2）制作项目材料清单。

3）以 6S 作业规范来实施项目。

4）完成按钮控制的程序编写。

5）完成通电前的线路排查。

6）完成程序认证。

7）严格按照第 1 章的安全规范标准实施本项目。

【学习目标】

1）掌握 PLC 软件的一般编程使用步骤。

2）掌握 I/O 分配表的绘制方法。

3）掌握 PLC 输入点和输出点的接线方法。

4）掌握两盏灯互锁的编程方法。

5）掌握项目实施过程中的 6S 要点。

6）掌握项目实施安全规范标准。

【项目实施】

1. 项目实施流程（项图 5-1）

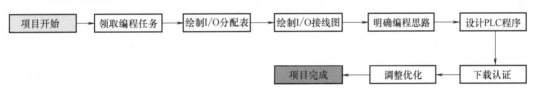

项图 5-1　项目实施流程

2. 写出 I/O 地址分配

本项目的 I/O 分配见项表 5-2。

项表 5-2　I/O 分配

输入（Input）		输出（Output）	
功能	PLC 地址	功能	PLC 地址
正转按钮	X0	正转指示灯	Y0
反转按钮	X1	反转指示灯	Y1
停止按钮	X2		

3. 画出 PLC 的 I/O 接线图

本项目的 I/O 接线图如项图 5-2 所示。

4. 程序设计

根据 I/O 分配表及项目控制要求分析，画出本项目控制的梯形图。

项目编程思路分析见项表 5-3。

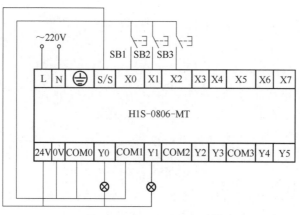

项图 5-2　项目 I/O 接线图

项表 5-3　项目编程思路分析

正转	按下正转按钮SB1 →	PLC输入X0接通 →	PLC输出Y0接通 →	锁定正转模式，防止进入反转模式
	松开正转按钮SB1，电动机继续正转，正转指示灯保持点亮状态 ←			电动机正转，正转指示灯亮
反转	按下反转按钮SB2 →	PLC输入X1接通 →	PLC输出Y1接通 →	锁定反转模式，防止进入正转模式
	松开反转按钮SB2，电动机继续反转，反转指示灯保持点亮状态 ←			电动机反转，反转指示灯亮
停止	按下停止按钮SB3 →	PLC输入X2接通 →	PLC输出Y0、Y1断开 →	电动机断电停转，所有指示灯都熄灭

5. PLC 编程软件使用步骤（项表 5-4，需通电后才可下载程序）

项表 5-4　PLC 编程软件使用步骤

序　号	图　示	备　注
第 1 步：新建一个保存工程程序的文件夹	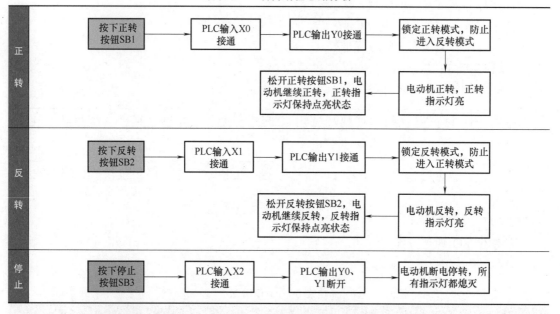	—

（续）

序　号	图　示	备　注
第2步:双击打开软件		程序版本不同,图标可能不同
第3步:新建工程		—
第4步:设置工程参数		程序版本不同,设置界面可能不同

（续）

序　　号	图　　示	备　　注
第5步：在编程窗口编辑程序	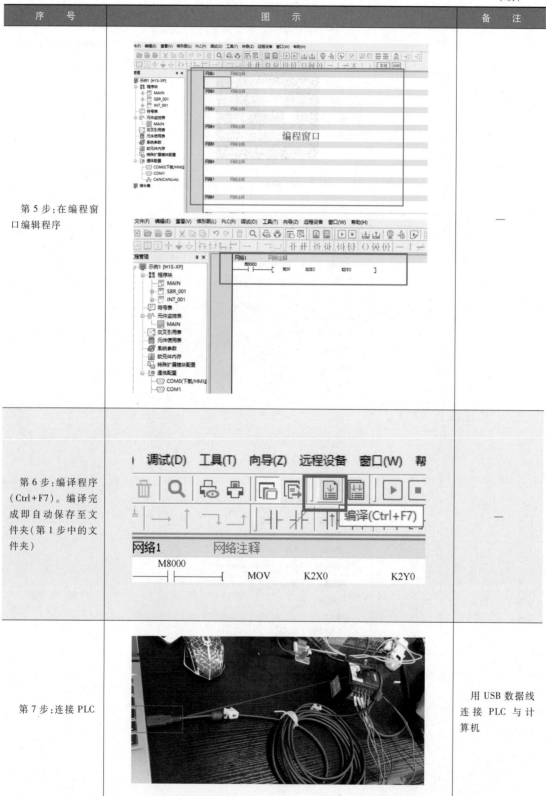	—
第6步：编译程序（Ctrl＋F7）。编译完成即自动保存至文件夹（第1步中的文件夹）		—
第7步：连接PLC		用USB数据线连接PLC与计算机

（续）

序　号	图　示	备　注
第8步：下载程序	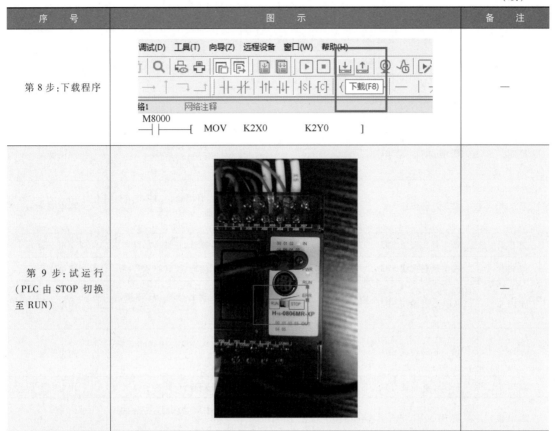	—
第9步：试运行（PLC由STOP切换至RUN）		—

6. 项目程序（项图5-3）

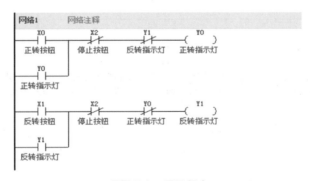

项图5-3　项目程序

7. PLC程序调试步骤（项表5-5）

项表5-5　PLC程序调试步骤

操作步骤	操作内容	结果	6S
第1步	将RUN/STOP开关拨到"STOP"位置		爱护实训设备
第2步	插座取电，合上漏电开关，PLC实训板上电	PLC"PWR"指示灯亮，上电成功	用电安全

（续）

操作步骤	操作内容	结果	6S
第3步	连接PLC与计算机,将程序下载至PLC内		
第4步	将RUN/STOP开关拨到"RUN"位置	"RUN"指示灯亮,模式切换成功	爱护实训设备
第5步	按下正转按钮SB1	Y0接通,正转指示灯亮	用电安全
第6步	松开正转按钮SB1	Y0保持接通,正转指示灯亮	用电安全
第7步	按下反转按钮SB2	Y1不接通,反转指示灯无反应	用电安全
第8步	按下停止按钮SB3	Y0断开,正转指示灯灭	用电安全
第9步	按下反转按钮SB2	Y1接通,反转指示灯亮	用电安全
第10步	松开反转按钮SB2	Y1保持接通,反转指示灯亮	用电安全
第11步	按下正转按钮SB1	Y0不接通,正转指示灯无反应	用电安全
第12步	按下停止按钮SB3	Y0断开,反转指示灯灭	用电安全
第13步	将RUN/STOP开关拨到"STOP"位置	"RUN"指示灯灭,STOP成功	
第14步	断开漏电开关,拔掉插头,PLC实训板断电		用电安全
第15步	整理实训板线路		恢复实训设备

8. 评分标准（项表5-6）

项表5-6　项目实施评分标准

项目内容	配分	评分标准	评分依据	得分
职业素养	20分	遵守规章制度、劳动纪律	1)出勤 2)工作态度 3)劳动纪律 4)团队协作精神 5)6S	
		按时按质完成工作任务		
		积极主动承担工作任务,勤学好问		
		人身安全与设备安全		
		工作岗位6S		
专业能力	60分	掌握项目I/O分配表的绘制方法	1)操作的准确性与规范性 2)项目完成情况	
		掌握PLC输入点和输出点的接线方法		
		掌握项目实施过程中的6S要点		
		掌握项目实施安全规范标准		
		掌握两盏灯交替点亮运行的程序以及调试方法		
		能独立完成项目程序的编写、输入、下载、调试等		

（续）

项目内容	配分	评分标准		评分依据	得分
创新能力	20分	在任务过程中能提出自己的、有见解的方案		1)方法可行性 2)建议合理性、创新性 3)题目关联性	
		在教学管理上能提出建议,具有合理性、创新性			
		在项目实施过程中,能根据项目设备设计关联题目,开展编程实训			
定额时间	0.5h,每超5min(不足5min以5min计)			扣5分	
备注	除定额时间外,各项目的最高扣分不应超过配分数			成绩	
开始时间		结束时间		实际时间	

9. 项目扩展

工厂要对厂内新设备的传送带综合功能进行测试，即对传送带进行点动正、反转以及连续正、反转功能的测试。请根据控制要求绘制 I/O 分配表和 I/O 接线图，并编写 PLC 程序。

1）I/O 分配表。

2）I/O 接线图。

3）PLC 程序。

项目6　按钮抢答系统指示灯编程实训

【工作情景】

抢答器常用于各种知识竞赛，为其增添了刺激性、娱乐性，在一定程度上丰富了人们的业余生活。某学院团委要举办问答知识竞赛，需要设计一套汇川 H1S 系列 PLC 控制的三路抢答器，具体要求：当主持人喊开始后（按下抢答按钮），抢答开始，信号灯亮，三位参赛者开始抢答，谁先抢到，相应台上的抢答指示灯就亮，主持人没有按下开始抢答按钮前，各分台的人按下抢答按钮，抢答指示灯均无反应。现硬件已经安装完毕，需要编程人员对此进行编程，以便设备可以正常投入使用。

【工作任务】

按钮抢答系统指示灯编程实训。

【完成时间】

此工作任务完成时间为 6 课时，指导性课时安排见项表 6-1。

项表 6-1　指导性课时安排

课时	内　　容	备　　注
1~4	课题引入、PLC 控制原理认知、I/O 分配表绘制、I/O 接线图绘制、编程操作示范、项目编程练习	原理认知请阅读本书第 2 章
5~6	编程实训,项目扩展练习	

【任务目标】

请通过 PLC 控制，利用基本指令设计一个三路抢答系统。

【任务要求】

1）绘制 I/O 分配表与 I/O 接线图。

2）制作项目材料清单。

3）以 6S 作业规范来实施项目。

4）完成按钮控制的程序编写。

5）完成通电前的线路排查。

6）完成程序认证。

7）严格按照第 1 章的安全规范标准实施本项目。

【学习目标】

1）掌握 PLC 软件的一般编程使用步骤。

2）掌握 I/O 分配表的绘制方法。

3）掌握 PLC 输入点和输出点的接线方法。

4）掌握交替指令 ALT 的使用。

5）掌握 SET、RST 指令的使用。

6）掌握项目实施过程中的 6S 要点。

7）掌握项目实施安全规范标准。

【项目实施】

1. 项目实施流程（项图 6-1）

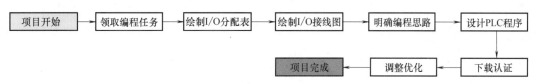

项图 6-1　项目实施流程

2. 写出 I/O 地址分配

本项目的 I/O 分配见项表 6-2。

项表 6-2　I/O 分配

输入（Input）		输出（Output）	
功能	PLC 地址	功能	PLC 地址
电源按钮	X0	电源指示灯	Y0
抢答按钮	X1	一号台抢答指示灯	Y1
一号台抢答按钮	X2	二号台抢答指示灯	Y2
二号台抢答按钮	X3	三号台抢答指示灯	Y3
三号台抢答按钮	X4		

3. 画出 PLC 的 I/O 接线图

本项目的 I/O 接线图如项图 6-2 所示。

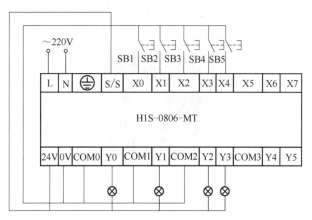

项图 6-2　项目 I/O 接线

4. 程序设计

根据 I/O 分配表及项目控制要求分析，画出本项目控制的梯形图。

项目编程思路分析见项表 6-3。

项表 6-3　项目编程思路分析

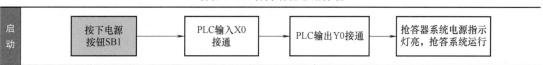

（续）

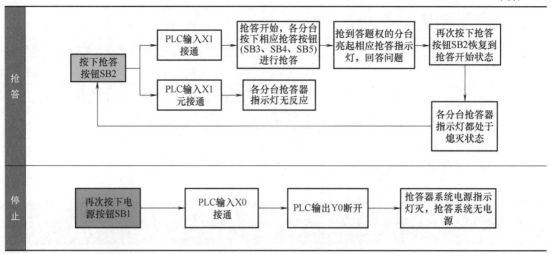

5. PLC 编程软件使用步骤（项表 6-4，需通电后才可下载程序）

项表 6-4 PLC 编程软件使用步骤

序　号	图　示	备　注
第 1 步：新建一个保存工程程序的文件夹	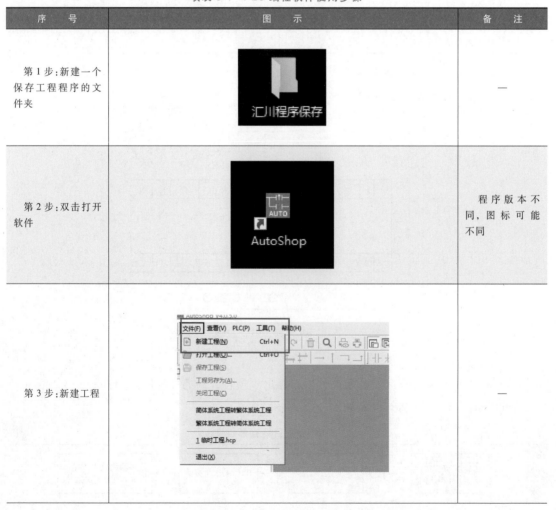	—
第 2 步：双击打开软件		程序版本不同，图标可能不同
第 3 步：新建工程		—

（续）

序　号	图　示	备　注
第4步:设置工程参数	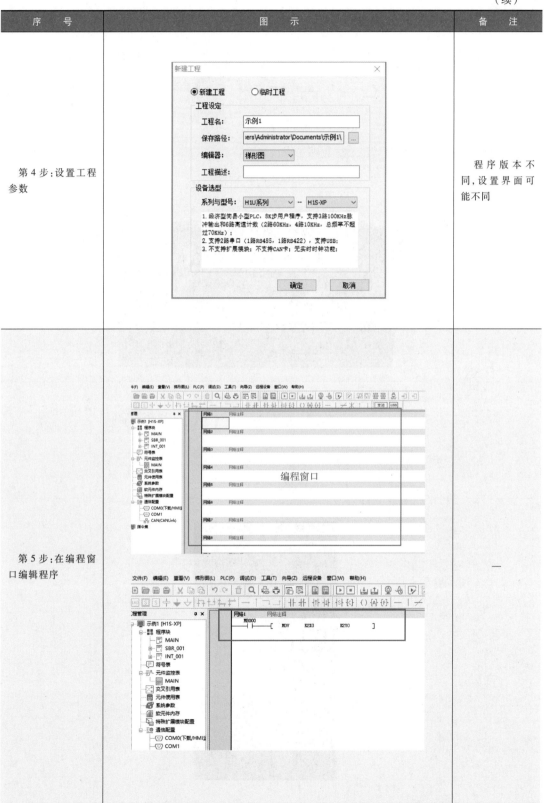	程序版本不同,设置界面可能不同
第5步:在编程窗口编辑程序		—

（续）

序　号	图　示	备　注
第6步：编译程序（Ctrl+F7）。编译完成即自动保存至文件夹（第1步中的文件夹）	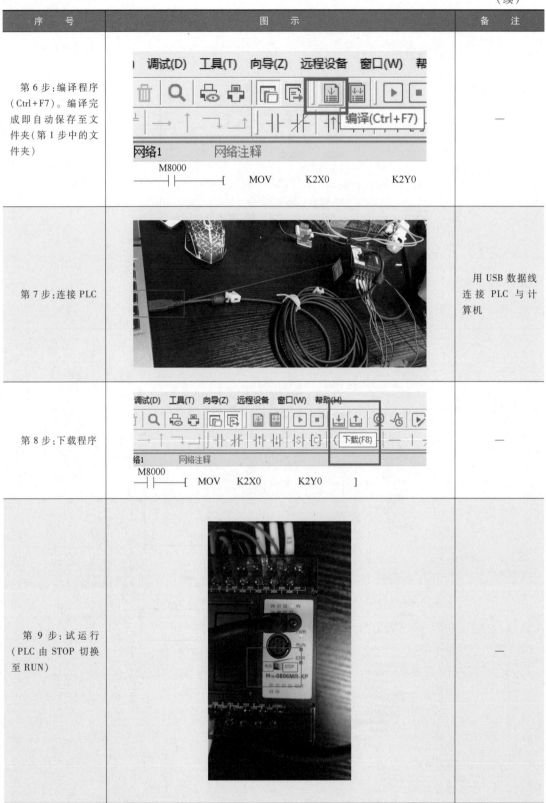	—
第7步：连接PLC		用USB数据线连接PLC与计算机
第8步：下载程序		—
第9步：试运行（PLC由STOP切换至RUN）		—

6. 项目程序（项图6-3）

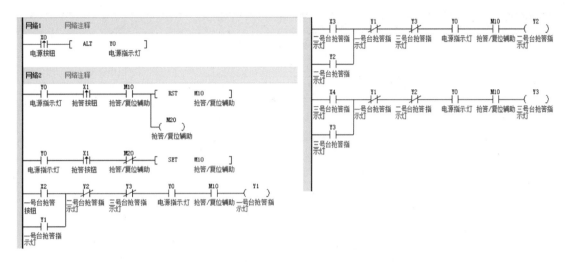

项图6-3　项目程序

7. PLC 程序调试步骤（项表6-5）

项表6-5　PLC 程序调试步骤

操作步骤	操作内容	结果	6S
第1步	将 RUN/STOP 开关拨到"STOP"位置		爱护实训设备
第2步	插座取电,合上漏电开关,PLC 实训板上电	PLC"PWR"指示灯亮,上电成功	用电安全
第3步	连接 PLC 与计算机,将程序下载至 PLC 内		
第4步	将 RUN/STOP 开关拨到"RUN"位置	"RUN"指示灯亮,模式切换成功	爱护实训设备
第5步	按下电源按钮 SB1	Y0 接通,电源指示灯亮	用电安全
第6步	按下抢答按钮 SB2	M10 接通,抢答开始	用电安全
第7步	按下各分台抢答按钮 SB3、SB4、SB5	相应抢答指示灯亮	用电安全
第8步	再按下抢答 SB2	各分台抢答指示灯全灭,恢复到准备抢答状态	用电安全
第9步	再按下电源按钮 SB1	Y0 断开,电源指示灯灭	用电安全
第10步	将 RUN/STOP 开关拨到"STOP"位置	"RUN"指示灯灭,STOP成功	用电安全
第11步	断开漏电开关,拔掉插头,PLC 实训板断电		用电安全
第12步	整理实训板线路		恢复实训设备

8. 评分标准（项表 6-6）

项表 6-6　项目实施评分标准

项目内容	配分	评分标准		评分依据	得分
职业素养	20 分	遵守规章制度、劳动纪律		1）出勤 2）工作态度 3）劳动纪律 4）团队协作精神 5）6S	
		按时按质完成工作任务			
		积极主动承担工作任务，勤学好问			
		人身安全与设备安全			
		工作岗位 6S			
专业能力	60 分	熟练掌握 I/O 分配表的绘制方法		1）操作的准确性与规范性 2）项目完成情况	
		掌握 PLC 输入点和输出点的接线方法			
		掌握项目实施过程中的 6S 要点			
		掌握项目实施安全规范标准			
		熟练掌握 SET、RST 指令的用法			
		掌握抢答器系统程序的编写以及调试方法			
		能独立完成项目程序的编写、输入、下载、调试等			
创新能力	20 分	在任务过程中能提出自己的、有见解的方案		1）方法可行性 2）建议合理性、创新性 3）题目关联性	
		在教学管理上能提出建议，具有合理性、创新性			
		在项目实施过程中，能根据项目设备设计关联题目，开展编程实训			
定额时间	0.5h，每超 5min（不足 5min 以 5min 计）			扣 5 分	
备注	除定额时间外，各项目的最高扣分不应超过配分数			成绩	
开始时间		结束时间		实际时间	

9. 项目扩展

进行抢答系统程序编程时发现一个问题，如果在抢答时因为题目太难而导致无人抢答应该怎么办？请尝试增加一个功能，在进行抢答时，如果过了一定的时间，就算这道题撤销，并亮起无人抢答的指示灯。请根据控制要求绘制 I/O 分配表和 I/O 接线图，并编写 PLC 程序。

1）I/O 分配表。

2）I/O 接线图。

3）PLC 程序。

项目 7 按钮控制灯延时熄灭编程实训

【工作情景】

某写字楼的一盏灯由汇川 H1S 系列 PLC 控制，使用人员按下开灯按钮，该灯即可点亮，按下关灯按钮后，该灯经过 20s 后熄灭。现硬件已经安装完毕，需要编程人员对此进行编程，以便设备可以正常投入使用。

【工作任务】

按钮控制灯延时熄灭编程实训。

【完成时间】

此工作任务完成时间为 5 课时，指导性课时安排见项表 7-1。

项表 7-1 指导性课时安排

课时	内 容	备 注
1~3	课题引入、PLC 控制原理认知、I/O 分配表绘制、I/O 接线图绘制、编程操作示范、项目编程练习	原理认知请阅读本书第 2 章
4~5	编程实训，项目扩展练习	

【任务目标】

有一盏灯，请通过 PLC 控制设计出按钮对它延时熄灭的控制。

【任务要求】

1）绘制 I/O 分配表与 I/O 接线图。

2）制作项目材料清单。

3）以 6S 作业规范来实施项目。

4）完成按钮控制的程序编写。

5）完成通电前的线路排查。

6）完成程序认证。

7）严格按照第 1 章的安全规范标准实施本项目。

【学习目标】

1）掌握 PLC 软件的一般编程使用步骤。

2）掌握 I/O 分配表的绘制方法。

3）掌握 PLC 输入点和输出点的接线方法。

4）掌握定时器 T 指令的使用。

5）掌握 SET、RST 指令的用法。

6）掌握项目实施过程中的 6S 要点。

7）掌握项目实施安全规范标准。

【项目实施】

1. 项目实施流程（项图 7-1）

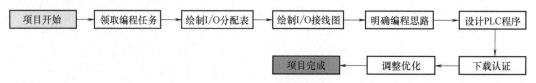

项图 7-1　项目实施流程

2. 写出 I/O 地址分配

本项目的 I/O 分配见项表 7-2。

项表 7-2　I/O 分配

输入（Input）		输出（Output）	
功能	PLC 地址	功能	PLC 地址
开灯按钮	X0	灯	Y0
关灯按钮	X1		

3. 画出 PLC 的 I/O 接线图

本项目的 I/O 接线图如项图 7-2 所示。

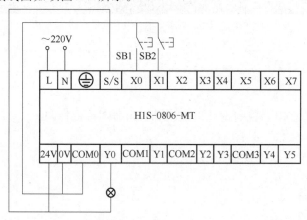

项图 7-2　项目 I/O 接线图

4. 程序设计

根据 I/O 分配表及项目控制要求分析，画出本项目控制的梯形图。

项目编程思路分析见项表 7-3。

项表 7-3　项目编程思路分析

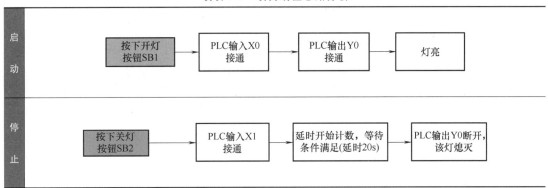

5. PLC 编程软件使用步骤（项表 7-4，需通电后才可下载程序）

项表 7-4　PLC 编程软件使用步骤

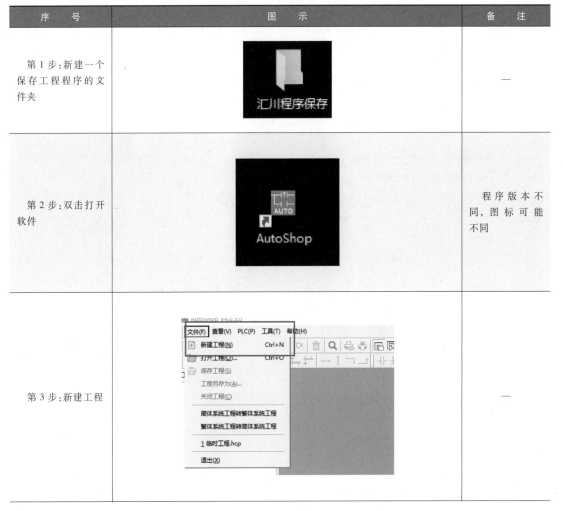

序　号	图　示	备　注
第 1 步：新建一个保存工程程序的文件夹		—
第 2 步：双击打开软件		程序版本不同，图标可能不同
第 3 步：新建工程		—

（续）

序　号	图　示	备　注
第 4 步：设置工程参数	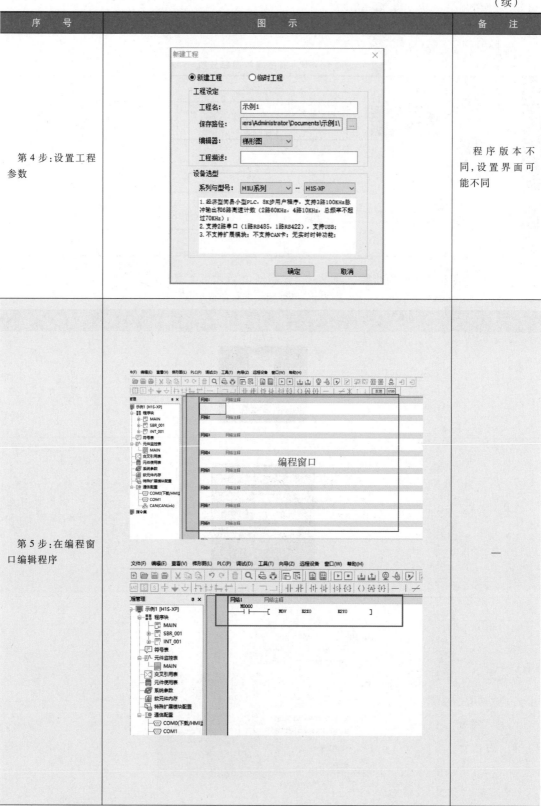	程序版本不同，设置界面可能不同
第 5 步：在编程窗口编辑程序		—

（续）

序 号	图 示	备 注
第 6 步：编译程序（Ctrl+F7）。编译完成即自动保存至文件夹（第 1 步中的文件夹）	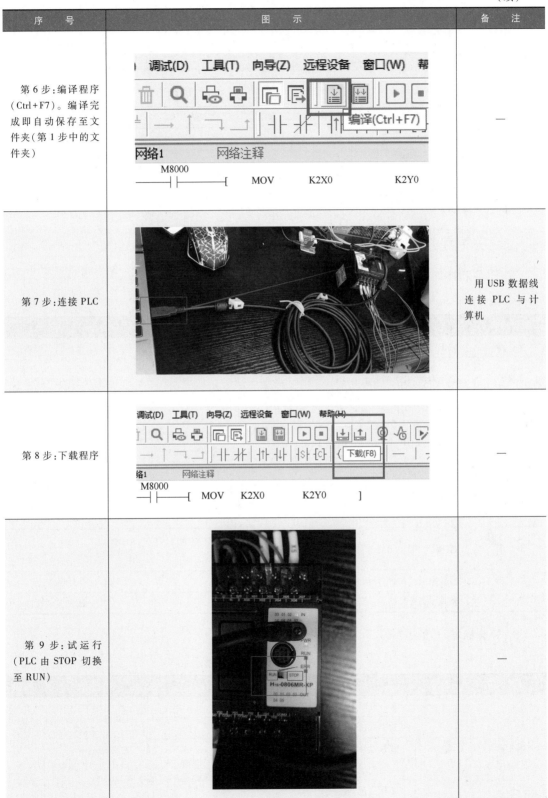	—
第 7 步：连接 PLC		用 USB 数据线连接 PLC 与计算机
第 8 步：下载程序		—
第 9 步：试运行（PLC 由 STOP 切换至 RUN）		—

6. 项目程序及时序图（项图 7-3）

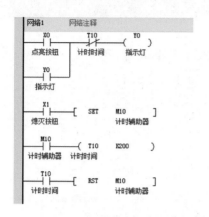
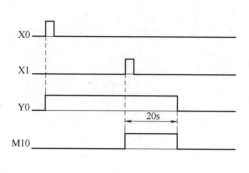

项图 7-3　项目程序及时序图

7. PLC 程序调试步骤（项表 7-5）

项表 7-5　PLC 程序调试步骤

操作步骤	操作内容	结果	6S
第 1 步	将 RUN/STOP 开关拨到"STOP"位置		爱护实训设备
第 2 步	插座取电,合上漏电开关,PLC 实训板上电	PLC"PWR"指示灯亮,上电成功	用电安全
第 3 步	连接 PLC 与计算机,将程序下载至 PLC 内		
第 4 步	将 RUN/STOP 开关拨到"RUN"位置	"RUN"指示灯亮,模式切换成功	爱护实训设备
第 5 步	按下开灯按钮 SB1	Y0 接通,灯亮	用电安全
第 6 步	按下关灯按钮 SB2	计时器接通,开始计时,20s 后,Y0 断开,该灯熄灭	用电安全
第 7 步	将 RUN/STOP 开关拨到"STOP"位置	"RUN"指示灯灭,STOP成功	
第 8 步	断开漏电开关,拔掉插头,PLC 实训板断电		用电安全
第 9 步	整理实训板线路		恢复实训设备

8. 评分标准（项表 7-6）

项表 7-6　项目实施评分标准

项目内容	配分	评分标准	评分依据	得分
职业素养	20 分	遵守规章制度、劳动纪律 按时按质完成工作任务 积极主动承担工作任务,勤学好问 人身安全与设备安全 工作岗位 6S	1)出勤 2)工作态度 3)劳动纪律 4)团队协作精神 5)6S	

（续）

项目内容	配分	评分标准	评分依据	得分
专业能力	60分	掌握项目I/O分配表的绘制方法	1）操作的准确性与规范性 2）项目完成情况	
		掌握PLC输入点和输出点的接线方法		
		掌握项目实施过程中的6S要点		
		掌握项目实施安全规范标准		
		熟练掌握定时器T指令的用法		
		能由时序图设计出项目程序并进行调试		
		能独立完成项目程序的编写、输入、下载、调试等		
创新能力	20分	在任务过程中能提出自己的、有见解的方案	1）方法可行性 2）建议合理性、创新性 3）题目关联性	
		在教学管理上能提出建议，具有合理性、创新性		
		在项目实施过程中，能根据项目设备设计关联题目，开展编程实训		
定额时间	0.5h，每超5min（不足5min以5min计）		扣5分	
备注	除定额时间外，各项目的最高扣分不应超过配分数		成绩	
开始时间		结束时间	实际时间	

9. 项目扩展

请在项目7实训任务的基础上设计出一套按下开灯按钮后，该灯延时2h自动熄灭的程序。请根据控制要求绘制I/O分配表和I/O接线图，并编写PLC程序。

1）I/O分配表。

2）I/O接线图。

3）PLC 程序。

项目8 按钮控制多盏灯顺亮逆灭编程实训

【工作情景】

某快递公司的快递传送带需要进行调试，这条传送带有三个电动机作为传送动力，要求按下启动按钮后，先由电动机 3 所负责的传送部分进行传动，再由电动机 2 负责的传送部分进行传动，最后轮到电动机 1，依次相隔 2s 起动；在按下停止按钮后，电动机的停止顺序与起动顺序相反，也是相隔 2s 依次停止，电动机状态要有相应的指示灯显示。现硬件已经安装完毕，需要编程人员对此进行编程，以便设备可以正常投入使用。

【工作任务】

按钮控制多盏灯顺亮逆灭编程实训。

【完成时间】

此工作任务完成时间为 6 课时，指导性课时安排见项表 8-1。

项表 8-1　指导性课时安排

课时	内　　容	备　　注
1~3	课题引入、PLC 控制原理认知、I/O 分配表绘制、I/O 接线图绘制、编程操作示范、项目编程练习	原理认知请阅读本书第 2 章
4~6	编程实训,项目扩展练习	

【任务目标】

有三盏灯，请通过 PLC 控制设计出按钮对它们顺亮逆灭的控制。

【任务要求】

1）绘制 I/O 分配表与 I/O 接线图。

2）制作项目材料清单。

3）以 6S 作业规范来实施项目。

4）完成按钮控制的程序编写。

5）完成通电前的线路排查。

6）完成程序认证。

7）严格按照第 1 章的安全规范标准实施本项目。

【学习目标】

1）掌握 PLC 软件的一般编程使用步骤。

2）掌握 I/O 分配表的绘制方法。

3）掌握 PLC 输入点和输出点的接线方法。

4）掌握定时器 T 指令的用法。

5）掌握项目实施过程中的 6S 要点。

6）掌握项目实施安全规范标准。

【项目实施】

1. 项目实施流程（项图 8-1）

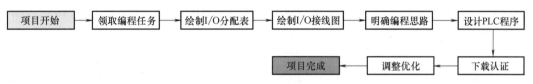

项图 8-1　项目实施流程

2. 写出 I/O 地址分配

本项目的 I/O 分配见项表 8-2。

项表 8-2　I/O 分配

输入（Input）		输出（Output）	
功能	PLC 地址	功能	PLC 地址
启动按钮	X0	电动机 3 指示灯	Y0
停止按钮	X1	电动机 2 指示灯	Y1
		电动机 1 指示灯	Y2

3. 画出 PLC 的 I/O 接线图

本项目的 I/O 接线图如项图 8-2 所示。

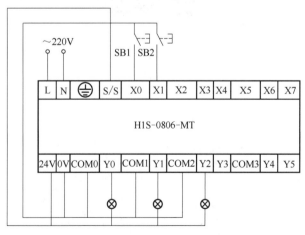

项图 8-2　项目 I/O 接线图

4. 程序设计

根据 I/O 分配表及项目控制要求分析，画出本项目控制的梯形图。

项目编程思路分析见项表 8-3。

项表 8-3　项目编程思路分析

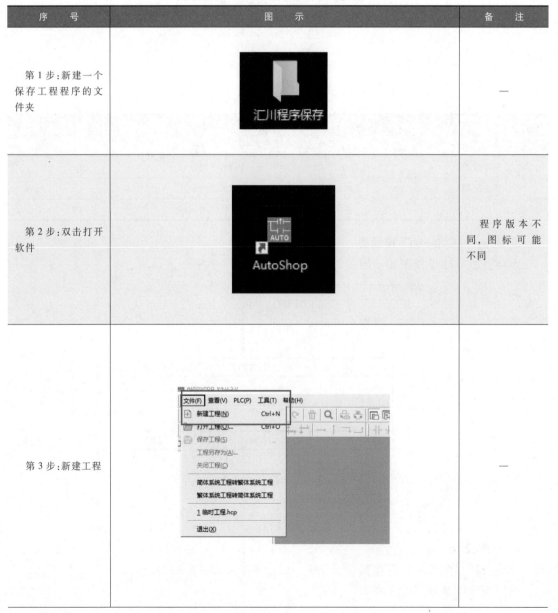

| 启动 | 按下启动按钮SB1 | → | PLC输入X0接通 | → | PLC输出Y0接通 | → | 电动机3指示灯亮 | → | 相隔2s，电动机2起动，电动机2指示灯亮 | → | 再隔2s，电动机1起动，电动机1指示灯亮 |
| 停止 | 按下停止SB2 | → | PLC输入X1接通 | → | PLC输出Y2断开 | → | 电动机1指示灯灭 | → | 相隔2s，电动机2停止，电动机2指示灯灭 | → | 再隔2s，电动机3停止，电动机3指示灯灭 |

5. PLC 编程软件使用步骤（项表 8-4，需通电后才可下载程序）

项表 8-4　PLC 编程软件使用步骤

序　号	图　示	备　注
第1步：新建一个保存工程程序的文件夹	汇川程序保存	—
第2步：双击打开软件	AutoShop	程序版本不同，图标可能不同
第3步：新建工程	文件(F)　查看(V)　PLC(P)　工具(T)　帮助(H) 新建工程(N)　　Ctrl+N 打开工程(O)…　　Ctrl+O 保存工程(S) 工程另存为(A)… 关闭工程(C) 简体系统工程转繁体系统工程 繁体系统工程转简体系统工程 1 临时工程.hcp 退出(X)	—

（续）

序　号	图　示	备　注
第4步：设置工程参数	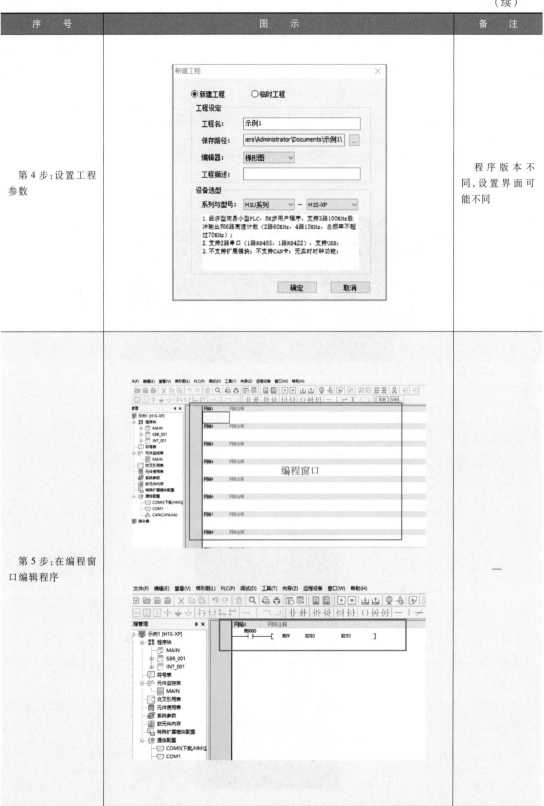	程序版本不同，设置界面可能不同
第5步：在编程窗口编辑程序		一

（续）

序　号	图　示	备　注
第6步：编译程序（Ctrl+F7）。编译完成即自动保存至文件夹（第1步中的文件夹）	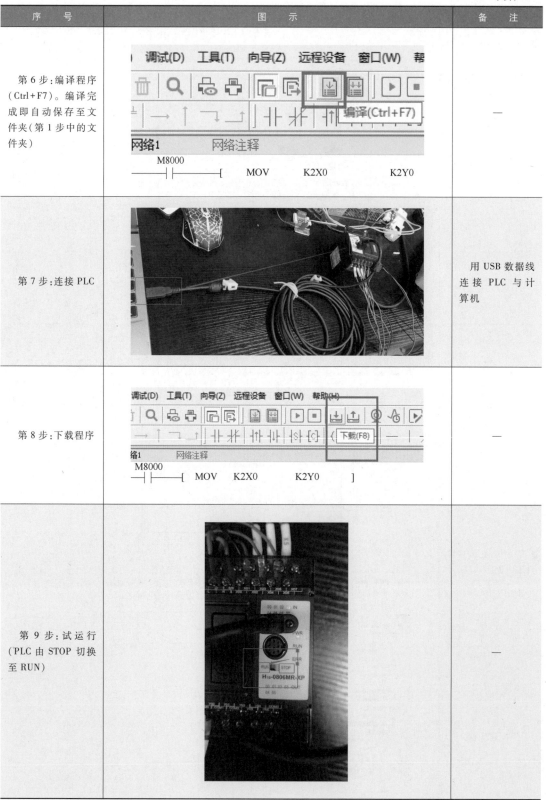	—
第7步：连接PLC		用 USB 数据线连接 PLC 与计算机
第8步：下载程序		—
第9步：试运行（PLC 由 STOP 切换至 RUN）		—

6. 项目程序（项图 8-3）

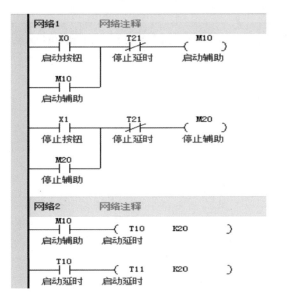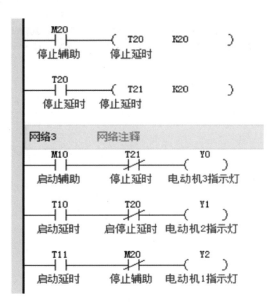

项图 8-3 项目程序

7. PLC 程序调试步骤（项表 8-5）

项表 8-5 PLC 程序调试步骤

操作步骤	操作内容	结果	6S
第 1 步	将 RUN/STOP 开关拨到"STOP"位置		爱护实训设备
第 2 步	插座取电,合上漏电开关,PLC 实训板上电	PLC"PWR"指示灯亮,上电成功	用电安全
第 3 步	连接 PLC 与计算机,将程序下载至 PLC 内		
第 4 步	将 RUN/STOP 开关拨到"RUN"位置	"RUN"指示灯亮,模式切换成功	爱护实训设备
第 5 步	按下启动按钮 SB1	Y0 接通,相隔 2s 陆续接通 Y1、Y2,相应电动机(3、2、1)指示灯亮	用电安全
第 6 步	按下停止按钮 SB2	Y2 断开,电动机 1 指示灯熄灭,依次相隔 2s(Y1、Y0 断开),相应电动机(2、3)指示灯熄灭	用电安全
第 7 步	将 RUN/STOP 开关拨到"STOP"位置	"RUN"指示灯灭,STOP成功	
第 8 步	断开漏电开关,拔掉插头,PLC 实训板断电		用电安全
第 9 步	整理实训板线路		恢复实训设备

8. 评分标准（项表 8-6）

项表 8-6　项目实施评分标准

项目内容	配分	评分标准	评分依据	得分
职业素养	20分	遵守规章制度、劳动纪律 按时按质完成工作任务 积极主动承担工作任务，勤学好问 人身安全与设备安全 工作岗位 6S	1)出勤 2)工作态度 3)劳动纪律 4)团队协作精神 5)6S	
专业能力	60分	掌握项目 I/O 分配表的绘制方法 掌握 PLC 输入点和输出点的接线方法 掌握项目实施过程中的 6S 要点 掌握项目实施安全规范标准 进一步掌握定时器 T 指令的用法 能熟练设计出电动机顺启逆停系统梯形图程序以及掌握调试方法 能独立完成项目程序的编写、输入、下载、调试等	1)操作的准确性与规范性 2)项目完成情况	
创新能力	20分	在任务过程中能提出自己的、有见解的方案 在教学管理上能提出建议，具有合理性、创新性 在项目实施过程中，能根据项目设备设计关联题目，开展编程实训	1)方法可行性 2)建议合理性、创新性 3)题目关联性	
定额时间	0.5h，每超 5min(不足 5min 以 5min 计)		扣 5 分	
备注	除定额时间外，各项目的最高扣分不应超过配分数		成绩	
开始时间		结束时间	实际时间	

9. 项目扩展

在程序设计和调试完成后，快递公司的老板看完提出了一个要求，因为最近处于快递行业的淡季，所以老板要求在起动设备后如果传送带上超过 20s 没有快递，则进行自动停机。请根据控制要求绘制 I/O 分配表和 I/O 接线图，并编写 PLC 程序。

1）I/O 分配表。

2）I/O 接线图。

3）PLC 程序。

项目9　按钮控制花样亮灯喷泉编程实训一

【工作情景】

现有 A、B、C 三组灯，要求启动后 A 组灯先亮 5s，之后 A 组灯熄灭，B、C 组灯同时亮，5s 后 B 组灯熄灭，再过 5s，C 组灯熄灭，然后 A、B 组灯同时亮，再过 2s，C 组灯也亮；A、B、C 组灯同时亮 5s 后全部熄灭，再过 3s 重复前面过程；当按下停止按钮后，喷泉灯马上停止运行。喷泉控制时序图如项图 9-1 所示。现硬件已经安装完毕，需要编程人员编写 PLC 的控制程序，以便灯光可以正常投入使用。

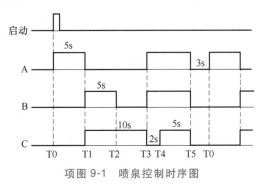

项图 9-1　喷泉控制时序图

【工作任务】

按钮控制花样亮灯喷泉编程实训一。

【完成时间】

此工作任务完成时间为 10 课时，指导性课时安排见项表 9-1。

项表 9-1　指导性课时安排

课时	内　　容	备　　注
1~2	课题引入、PLC 控制原理认知、I/O 分配表讲解、I/O 接线图讲解、编程操作示范	原理认知请阅读本书第 2 章
3~6	I/O 分配表绘制、I/O 接线图绘制、项目编程练习、编程实训	
7~10	项目扩展练习	

【任务目标】

有三组灯，请通过 PLC 编程实现按钮对它们的花样亮灯喷泉控制。

【任务要求】

1）绘制 I/O 分配表与 I/O 接线图。

2）制作项目材料清单。

3）以 6S 作业规范来实施项目。

4）完成按钮控制的程序编写。

5）完成通电前的线路排查。

6）完成程序认证。

7）严格按照第 1 章的安全规范标准实施本项目。

【学习目标】

1）掌握 PLC 软件的一般编程使用步骤。

2）掌握 I/O 分配表的绘制方法。

3）掌握 PLC 输入点和输出点的接线方法。

4）掌握时间继电器 T 的用法。

5）掌握时序图并能根据题意画出。

6）掌握项目实施过程中的 6S 要点。

7）掌握项目实施安全规范标准。

【项目实施】

1. 项目实施流程（项图 9-2）

项图 9-2　项目实施流程

2. 写出 I/O 地址分配

本项目的 I/O 分配见项表 9-2。

项表 9-2　I/O 分配

输入（Input）		输出（Output）	
功能	PLC 地址	功能	PLC 地址
启动按钮	X0	A 组灯	Y0
停止按钮	X1	B 组灯	Y1
		C 组灯	Y2

3. 画出 PLC 的 I/O 接线图

本项目的 I/O 接线图如项图 9-3 所示。

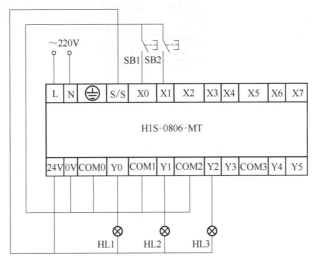

项图 9-3　项目 I/O 接线图

4. 程序设计

根据 I/O 分配表及项目控制要求分析，画出本项目控制的梯形图。

项目编程思路分析见项表 9-3。

项表 9-3　项目编程思路分析

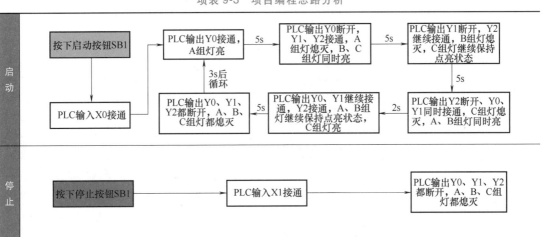

5. PLC 编程软件使用步骤（项表 9-4，需通电后才可下载程序）

项表 9-4　PLC 编程软件使用步骤

序　号	图　示	备　注
第 1 步:新建一个保存工程程序的文件夹	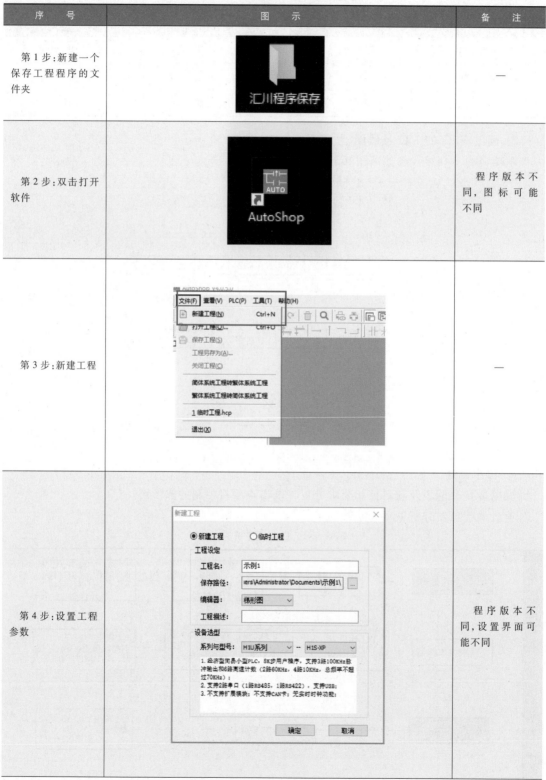	—
第 2 步:双击打开软件		程序版本不同，图标可能不同
第 3 步:新建工程		—
第 4 步:设置工程参数		程序版本不同，设置界面可能不同

（续）

序 号	图 示	备 注
第5步：在编程窗口编辑程序	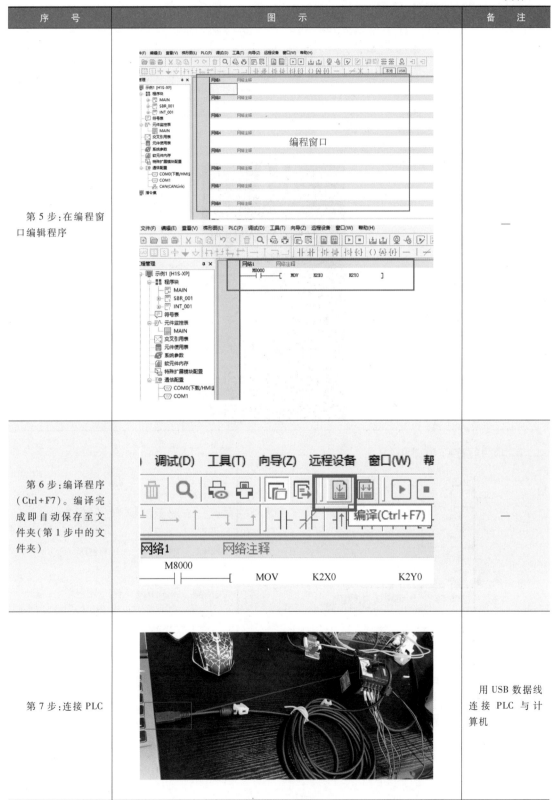	—
第6步：编译程序（Ctrl+F7）。编译完成即自动保存至文件夹（第1步中的文件夹）		—
第7步：连接PLC		用USB数据线连接PLC与计算机

（续）

序　号	图　示	备　注
第8步:下载程序	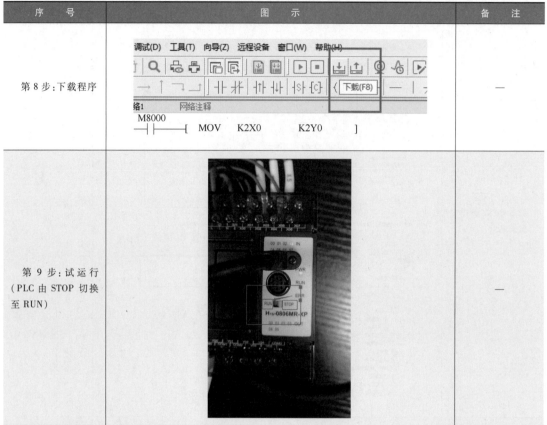	—
第9步:试运行 (PLC由STOP切换 至RUN)		—

6. 项目程序（项图 9-4）

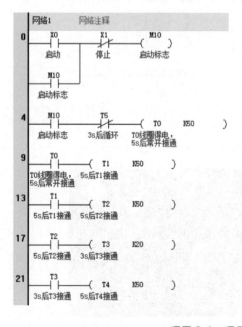
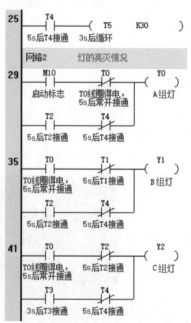

项图 9-4　项目程序

7. PLC 程序调试步骤（项表 9-5）

项表 9-5　PLC 程序调试步骤

操作步骤	操作内容	结果	6S
第 1 步	将 RUN/STOP 开关拨到"STOP"位置		爱护实训设备
第 2 步	插座取电，合上漏电开关，PLC 实训板上电	PLC"PWR"指示灯亮，上电成功	用电安全
第 3 步	连接 PLC 与计算机，将程序下载至 PLC 内		
第 4 步	将 RUN/STOP 开关拨到"RUN"位置	"RUN"指示灯亮，模式切换成功	爱护实训设备
第 5 步	按下启动按钮 SB1	亮灯情况如时序图（项图 9-1）	用电安全
第 6 步	按下停止按钮 SB2	三组灯灭	用电安全
第 7 步	将 RUN/STOP 开关拨到"STOP"位置	"RUN"指示灯灭，STOP 成功	
第 8 步	断开漏电开关，拔掉插头，PLC 实训板断电		用电安全
第 9 步	整理实训板线路		恢复实训设备

8. 评分标准（项表 9-6）

项表 9-6　项目实施评分标准

项目内容	配分	评分标准	评分依据	得分
职业素养	20 分	遵守规章制度、劳动纪律 按时按质完成工作任务 积极主动承担工作任务，勤学好问 人身安全与设备安全 工作岗位 6S	1）出勤 2）工作态度 3）劳动纪律 4）团队协作精神 5）6S	
专业能力	60 分	掌握编程软件的使用步骤 掌握项目 I/O 分配表的绘制方法 掌握 PLC 输入点和输出点的接线方法 掌握项目时序图 掌握时间继电器 T 的用法 掌握项目实施过程中的 6S 要点 掌握项目实施安全规范标准 独立完成项目实训	1）操作的准确性与规范性 2）项目完成情况	
创新能力	20 分	在任务过程中能提出自己的、有见解的方案 在教学管理上能提出建议，具有合理性、创新性 在项目实施过程中，能根据项目设备设计关联题目，开展编程实训	1）方法可行性 2）建议合理性、创新性 3）题目关联性	
定额时间	1.5h，每超 5min（不足 5min 以 5min 计）		扣 5 分	
备注	除定额时间外，各项目的最高扣分不应超过配分数		成绩	
开始时间		结束时间	实际时间	

9. 项目扩展

现有 A、B、C 三组灯，要求启动后 A、B 组灯亮 5s 后熄灭，A、B 组灯熄灭的同时 C 组灯亮，C 组灯亮 5s 后 A 组灯亮、C 组灯熄灭，再过 5s，A 组灯熄灭，A 组灯熄灭的同时 B、C 组灯同时亮，再过 2s，A 组灯也亮；A、B、C 组灯同时亮 5s 后全部熄灭，再过 3s，重复前面过程；当按下停止按钮后，喷泉灯马上停止运行。请根据控制要求绘制 I/O 分配表、I/O 接线图和时序图，并编写 PLC 程序。

1）I/O 分配表。

2）I/O 接线图。

3）时序图。

4）PLC 程序。

项目 10　按钮控制花样亮灯喷泉编程实训二

【工作情景】

现有 A、B、C 三组灯，要求启动后 A 组灯先亮 5s，之后 A 组灯熄灭，B、C 组灯同时亮，5s 后 B 组灯熄灭，再过 5s，C 组灯熄灭；然后 A、B 组灯同时亮，再过 2s，C 组灯也亮；A、B、C 组灯同时亮 5s 后全部熄灭，再过 3s 重复前面过程；循环 3 遍之后停止。当按下停止按钮后，喷泉灯马上停止运行。喷泉控制时序图如项图 10-1 所示。现硬件已经安装完毕，需要编程人员编写 PLC 的控制程序，以便灯光可以正常投入使用。

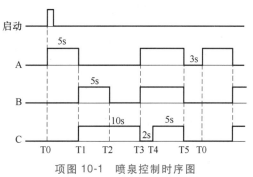

项图 10-1　喷泉控制时序图

【工作任务】

按钮控制花样亮灯喷泉编程实训二。

【完成时间】

此工作任务完成时间为 10 课时，指导性课时安排见项表 10-1。

项表 10-1　指导性课时安排

课时	内　　容	备　　注
1~2	课题引入、PLC 控制原理认知、I/O 分配表讲解、I/O 接线图讲解、编程操作示范	原理认知请阅读本书第 2 章
3~6	I/O 分配表绘制、I/O 接线图绘制、项目编程练习、编程实训	
7~10	项目扩展练习	

【任务目标】

有三组灯，请通过 PLC 编程实现按钮对它的花样亮灯喷泉控制。

【任务要求】

1）绘制 I/O 分配表与 I/O 接线图。

2）制作项目材料清单。

3）以 6S 作业规范来实施项目。

4）完成按钮控制的程序编写。

5）完成通电前的线路排查。

6）完成程序认证。

7）严格按照第 1 章的安全规范标准实施本项目。

【学习目标】

1）掌握 PLC 软件的一般编程使用步骤。

2）掌握 I/O 分配表的绘制方法。

3）掌握 PLC 输入点和输出点的接线方法。

4）掌握时间继电器 T 的用法。

5）掌握计数器 C 的用法。

6）掌握时序图并能根据题意画出。

7）掌握项目实施过程中的 6S 要点。

8）掌握项目实施安全规范标准。

【项目实施】

1. 项目实施流程（项图 10-2）

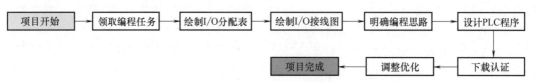

项图 10-2　项目实施流程

2. 写出 I/O 地址分配

本项目的 I/O 分配见项表 10-2。

项表 10-2　I/O 分配

输入（Input）		输出（Output）	
功能	PLC 地址	功能	PLC 地址
启动按钮	X0	A 组灯	Y0
停止按钮	X1	B 组灯	Y1
		C 组灯	Y2

3. 画出 PLC 的 I/O 接线图

本项目的 I/O 接线图如项图 10-3 所示。

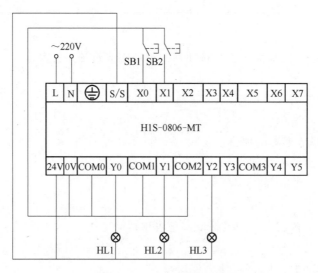

项图 10-3　项目 I/O 接线图

4. 程序设计

根据 I/O 分配表及项目控制要求分析，画出本项目控制的梯形图。

项目编程思路分析见项表 10-3。

项表 10-3　项目编程思路分析

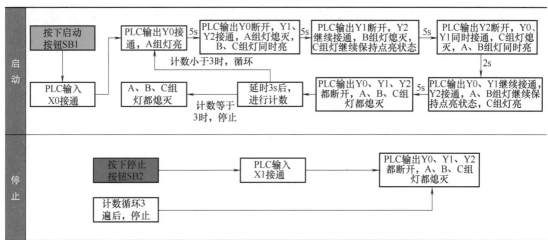

5. PLC 编程软件使用步骤（项表 10-4，需通电后才可下载程序）

项表 10-4　PLC 编程软件使用步骤

序　号	图　示	备　注
第 1 步:新建一个保存工程程序的文件夹		—
第 2 步:双击打开软件		程序版本不同，图标可能不同
第 3 步:新建工程		—

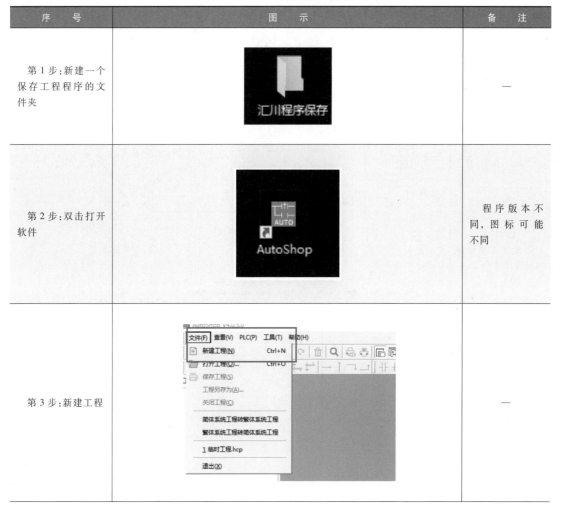

（续）

序　号	图　示	备　注
第4步：设置工程参数	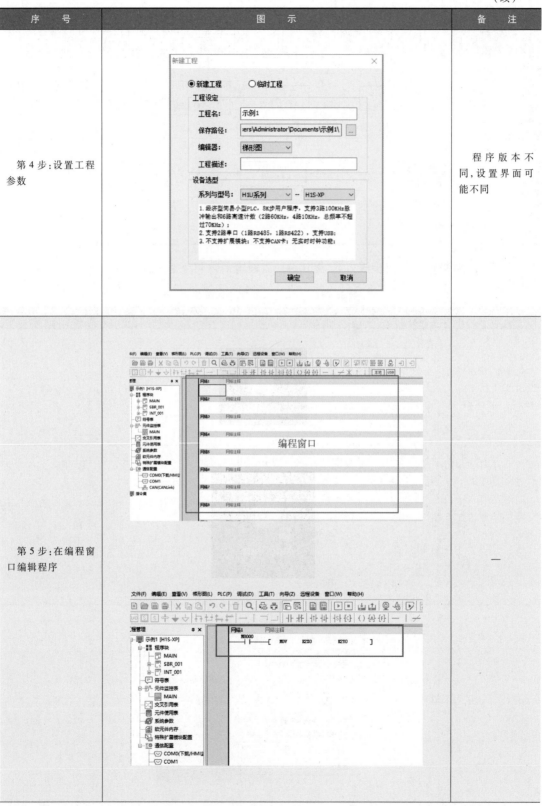	程序版本不同,设置界面可能不同
第5步：在编程窗口编辑程序		—

（续）

序　号	图　示	备　注
第 6 步：编译程序（Ctrl+F7）。编译完成即自动保存至文件夹（第 1 步中的文件夹）	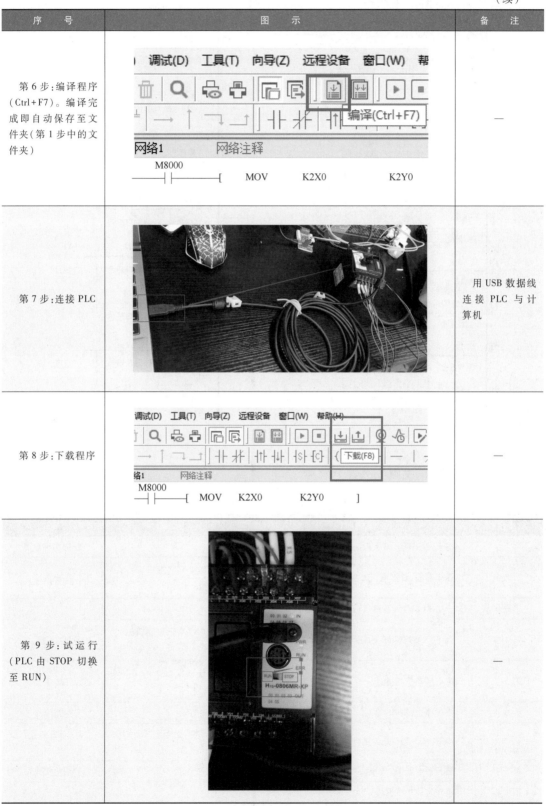	—
第 7 步：连接 PLC		用 USB 数据线连接 PLC 与计算机
第 8 步：下载程序		—
第 9 步：试运行（PLC 由 STOP 切换至 RUN）		—

6. 项目程序（项图10-4）

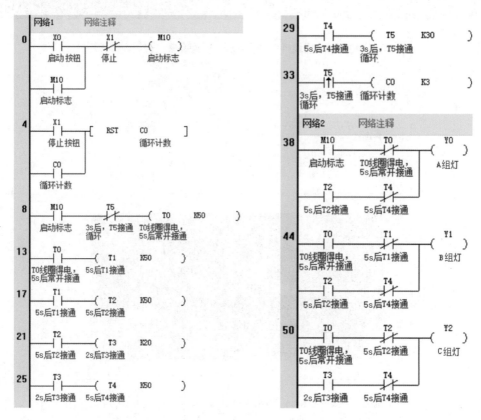

项图10-4　项目程序

7. PLC 程序调试步骤（项表10-5）

项表10-5　PLC 程序调试步骤

操作步骤	操作内容	结果	6S
第1步	将 RUN/STOP 开关拨到"STOP"位置		爱护实训设备
第2步	插座取电，合上漏电开关，PLC 实训板上电	PLC"PWR"指示灯亮，上电成功	用电安全
第3步	连接 PLC 与计算机，将程序下载至 PLC 内		
第4步	将 RUN/STOP 开关拨到"RUN"位置	"RUN"指示灯亮，模式切换成功	爱护实训设备
第5步	按下启动按钮 SB1	亮灯情况如时序图（项图10-1）	用电安全
第6步	按下停止按钮 SB2	三组灯灭	用电安全
第7步	将 RUN/STOP 开关拨到"STOP"位置	"RUN"指示灯灭，STOP成功	
第8步	断开漏电开关，拔掉插头，PLC 实训板断电		用电安全
第9步	整理实训板线路		恢复实训设备

8. 评分标准（项表 10-6）

项表 10-6 项目实施评分标准

项目内容	配分	评分标准	评分依据	得分
职业素养	20 分	遵守规章制度、劳动纪律 按时按质完成工作任务 积极主动承担工作任务,勤学好问 人身安全与设备安全 工作岗位 6S	1）出勤 2）工作态度 3）劳动纪律 4）团队协作精神 5）6S	
专业能力	60 分	掌握编程软件的使用步骤 掌握项目 I/O 分配表的绘制方法 掌握 PLC 输入点和输出点的接线方法 掌握项目时序图 掌握时间继电器 T 的用法 掌握计数器 C 的用法 掌握项目实施过程中的 6S 要点 掌握项目实施安全规范标准 独立完成项目实训	1）操作的准确性与规范性 2）项目完成情况	
创新能力	20 分	在任务过程中能提出自己的、有见解的方案 在教学管理上能提出建议,具有合理性、创新性 在项目实施过程中,能根据项目设备设计关联题目,开展编程实训	1）方法可行性 2）建议合理性、创新性 3）题目关联性	
定额时间	1.5h,每超 5min(不足 5min 以 5min 计)		扣 5 分	
备注	除定额时间外,各项目的最高扣分不应超过配分数		成绩	
开始时间		结束时间	实际时间	

9. 项目扩展

现有 A、B、C 三组灯，要求启动后 A、B 组灯亮 5s 后熄灭，A、B 组灯熄灭的同时 C 组灯亮，C 组灯亮 5s 后 A 组灯亮、C 组灯熄灭，再过 5s，A 组灯熄灭，A 组灯熄灭的同时 B、C 组灯同时亮，再过 2s，A 组灯也亮；A、B、C 组灯同时亮 5s 后全部熄灭，再过 3s，重复前面过程；循环 5 遍后停止。当按下停止按钮后，喷泉灯马上停止运行。请根据控制要求绘制 I/O 分配表、I/O 接线图和时序图，并编写 PLC 程序。

1）I/O 分配表。

2）I/O 接线图。

3）时序图。

4）PLC 程序。

项目 11　按钮控制花样亮灯喷泉编程实训三

【工作情景】

现有 A、B、C 三组灯，要求有两种模式，想要运行某一种模式时，需要停止当前模式后方可以运行。模式 1：按下启动按钮（SB1）后，A、B、C 三组灯按项图 11-1 所示的时序图循环工作；模式 2：按下启动按钮（SB2）后，A、B、C 组灯按项图 11-1 所示的时序图循环工作，运行 3 遍之后停止；在任何模式下，按下停止按钮（SB3），A、B、C 组灯都熄灭。现硬件已经安装完毕，需要编程人员编写 PLC 的控制程序，以便灯光可以正常投入使用。

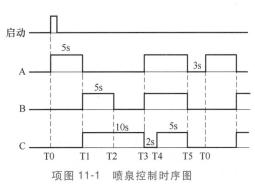

项图 11-1 喷泉控制时序图

【工作任务】

按钮控制花样亮灯喷泉编程实训三。

【完成时间】

此工作任务完成时间为 10 课时，指导性课时安排见项表 11-1。

项表 11-1 指导性课时安排

课时	内 容	备 注
1~2	课题引入、PLC 控制原理认知、I/O 分配表讲解、I/O 接线图讲解、编程操作示范	原理认知请阅读本书第 2 章
3~6	I/O 分配表绘制、I/O 接线图绘制、项目编程练习、编程实训	
7~10	项目扩展练习	

【任务目标】

有三组灯，请通过 PLC 编程实现按钮对它们的花样亮灯喷泉控制。

【任务要求】

1) 绘制 I/O 分配表与 I/O 接线图。

2) 制作项目材料清单。

3) 以 6S 作业规范来实施项目。

4) 完成按钮控制的程序编写。

5) 完成通电前的线路排查。

6) 完成程序的认证。

7) 严格按照第 1 章的安全规范标准实施本项目。

【学习目标】

1) 掌握 PLC 软件的一般编程使用步骤。

2) 掌握 I/O 分配表的绘制方法。

3) 掌握 PLC 输入点和输出点的接线方法。

4) 掌握时间继电器 T 的用法。

5) 掌握计数器 C 的用法。

6) 掌握时序图并能根据题意画出。

7) 掌握项目实施过程中的 6S 要点。

8) 掌握项目实施安全规范标准。

【项目实施】

1. 项目实施流程（项图 11-2）

2. 写出 I/O 地址分配

本项目的 I/O 分配见项表 11-2。

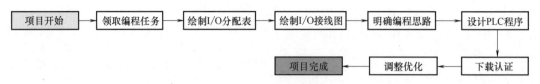

项图 11-2　项目实施流程

项表 11-2　I/O 分配

输入 (Input)		输出 (Output)	
功能	PLC 地址	功能	PLC 地址
模式 1 启动按钮	X0	A 组灯	Y0
模式 2 启动按钮	X1	B 组灯	Y1
停止按钮	X2	C 组灯	Y2

3. 画出 PLC 的 I/O 接线图

本项目的 I/O 接线图如项图 11-3 所示。

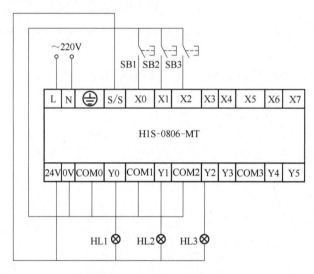

项图 11-3　项目 I/O 接线图

4. 程序设计

根据 I/O 分配表及项目控制要求分析，画出本项目控制的梯形图。

项目编程思路分析见项表 11-3。

项表 11-3　项目编程思路分析

<table>
<tr><td rowspan="2">模
式
1
启
动</td><td>按下启动按钮SB1</td><td>→</td><td>PLC输出Y0接通，A组灯亮</td><td>5s</td><td>PLC输出Y0断开，Y1、Y2接通，A组灯熄灭，B、C组灯同时亮</td><td>5s</td><td>PLC输出Y1断开，Y2继续接通，B组灯熄灭，A组灯继续保持点亮状态</td></tr>
<tr><td>PLC输入X0接通</td><td></td><td>PLC输出Y0、Y1、Y2都断开，A、B、C组灯都熄灭</td><td>5s</td><td>PLC输出Y0、Y1继续接通，Y2接通，A、B组灯继续保持点亮状态，C组灯亮</td><td>2s</td><td>PLC输出Y2断开，Y0、Y1同时接通，C组灯熄灭，A、B组灯同时亮</td></tr>
</table>

（续）

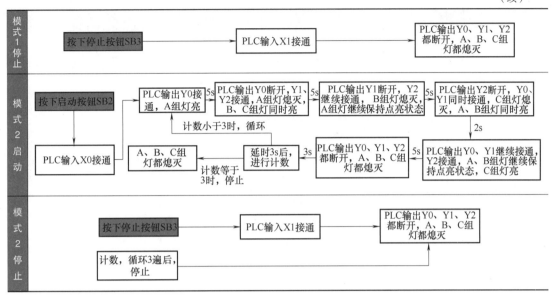

5. PLC 编程软件使用步骤（项表 11-4，需通电后才可下载程序）

项表 11-4　PLC 编程软件使用步骤

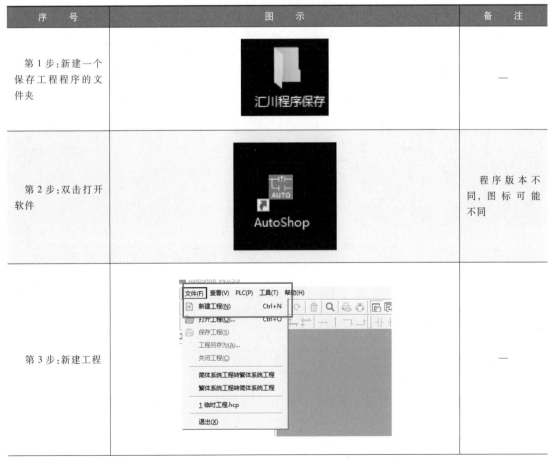

序　号	图　示	备　注
第 1 步：新建一个保存工程程序的文件夹	汇川程序保存	—
第 2 步：双击打开软件	AutoShop	程序版本不同，图标可能不同
第 3 步：新建工程	文件(F)　查看(V)　PLC(P)　工具(T)　帮助(H) 新建工程(N)　Ctrl+N 打开工程(O)...　Ctrl+O 保存工程(S) 工程另存为(A)... 关闭工程(C) 简体系统工程转繁体系统工程 繁体系统工程转简体系统工程 1 临时工程.hcp 退出(X)	—

（续）

序　号	图　示	备　注
第4步:设置工程参数	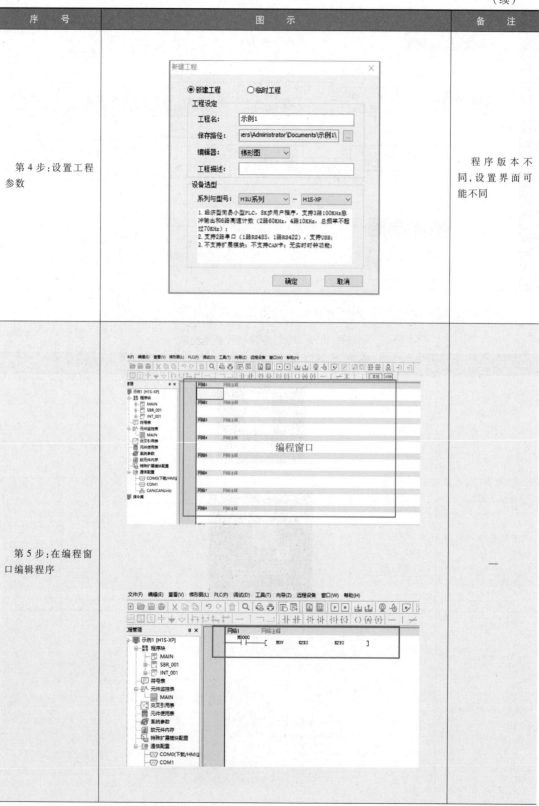	程序版本不同,设置界面可能不同
第5步:在编程窗口编辑程序		—

（续）

序 号	图 示	备 注
第6步：编译程序（Ctrl+F7）。编译完成即自动保存至文件夹（第1步中的文件夹）	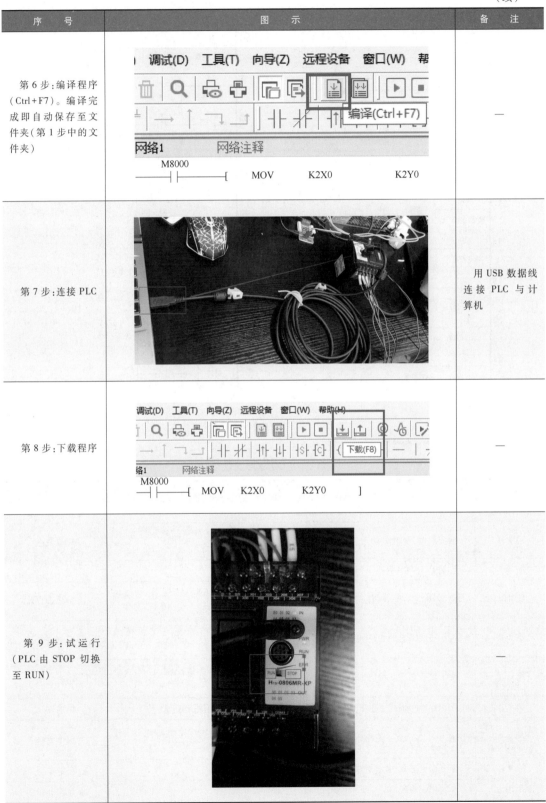	—
第7步：连接PLC		用USB数据线连接PLC与计算机
第8步：下载程序		—
第9步：试运行（PLC由STOP切换至RUN）		—

6. 项目程序（项图 11-4）

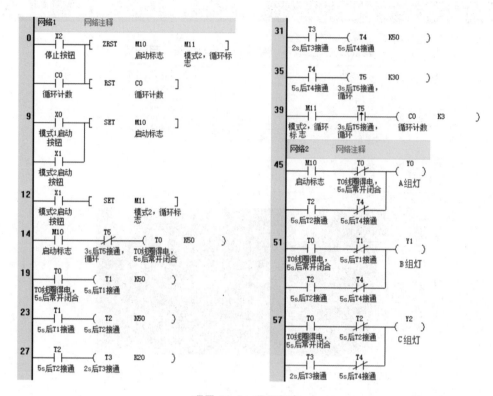

项图 11-4　项目程序

7. PLC 程序调试步骤（项表 11-5）

项表 11-5　PLC 程序调试步骤

操作步骤	操作内容	结果	6S
第 1 步	将 RUN/STOP 开关拨到"STOP"位置		爱护实训设备
第 2 步	插座取电,合上漏电开关,PLC 实训板上电	PLC"PWR"指示灯亮,上电成功	用电安全
第 3 步	连接 PLC 与计算机,将程序下载至 PLC 内		
第 4 步	将 RUN/STOP 开关拨到"RUN"位置	"RUN"指示灯亮,模式切换成功	爱护实训设备
第 5 步	按下模式 1 启动按钮 SB1	亮灯情况见工作情景描述	用电安全
第 6 步	按下模式 2 启动按钮 SB2	亮灯情况见工作情景描述	用电安全
第 7 步	无论在哪种模式下按下停止按钮 SB3	所有灯都熄灭	用电安全
第 8 步	将 RUN/STOP 开关拨到"STOP"位置	"RUN"指示灯灭,STOP成功	用电安全
第 9 步	断开漏电开关,拔掉插头,PLC 实训板断电		用电安全
第 10 步	整理实训板线路		恢复实训设备

8. 评分标准（项表 11-6）

项表 11-6　项目实施评分标准

项目内容	配分	评分标准	评分依据	得分
职业素养	20 分	遵守规章制度、劳动纪律	1) 出勤 2) 工作态度 3) 劳动纪律 4) 团队协作精神 5) 6S	
		按时按质完成工作任务		
		积极主动承担工作任务,勤学好问		
		人身安全与设备安全		
		工作岗位 6S		
专业能力	60 分	掌握编程软件的使用步骤	1) 操作的准确性与规范性 2) 项目完成情况	
		掌握项目 I/O 分配表的绘制方法		
		掌握 PLC 输入点和输出点的接线方法		
		程序要有两种模式,并且能互锁		
		掌握时间继电器 T 的用法		
		掌握计数器 C 的用法		
		掌握项目实施过程中的 6S 要点		
		掌握项目实施安全规范标准		
		独立完成项目实训		
创新能力	20 分	在任务过程中能提出自己的、有见解的方案	1) 方法可行性 2) 建议合理性、创新性 3) 题目关联性	
		在教学管理上能提出建议,具有合理性、创新性		
		在项目实施过程中,能根据项目设备设计关联题目,开展编程实训		
定额时间	2h,每超 5min(不足 5min 以 5min 计)		扣 5 分	
备注	除定额时间外,各项目的最高扣分不应超过配分数		成绩	
开始时间		结束时间	实际时间	

9. 项目扩展

现有 A、B、C 三组灯，要求有两种模式，想要运行某一种模式时，需要停止当前模式后方可以运行。模式 1：按下启动按钮后，A、B、C 组灯按项图 11-5 所示的时序图循环工作；模式 2：按下启动按钮后，A、B、C 组灯按项图 11-5 所示的时序图循环工作，循环 5 遍后停止；在任何模式下，按下停止按钮，A、B、C 组灯都熄灭。现硬件已经安装完毕，请根据控制要求绘制 I/O 分配表和 I/O 接线图，并编写 PLC 程序。

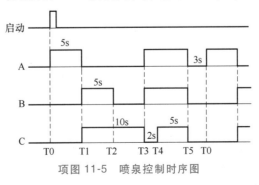

项图 11-5　喷泉控制时序图

1）I/O 分配表。

2）I/O 接线图。

3）PLC 程序。

项目 12　按钮控制模拟交通信号灯编程实训一

【工作情景】

假设一十字路口的交通信号灯控制时序图如项图 12-1 所示。南北方向：红灯亮 25s，转到绿灯亮 20s，再按 1s/次的规律闪烁 3 次，然后转到黄灯亮 2s。东西方向：绿灯亮 20s，再按 1s/次的规律闪烁 3 次，转到黄灯亮 2s，然后红灯亮 25s。至此完成一个周期，之后如此循环运行。当按下停止按钮后，全部信号灯都熄灭。现硬件已经安装完毕，需要编程人员编写 PLC 的控制程序，以便灯光可以正常投入使用。

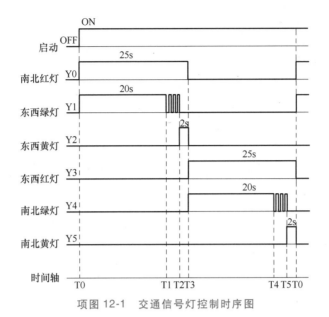

项图 12-1 交通信号灯控制时序图

【工作任务】

按钮控制模拟交通信号灯编程实训一。

【完成时间】

此工作任务完成时间为 10 课时，指导性课时安排见项表 12-1。

项表 12-1 指导性课时安排

课时	内 容	备 注
1~2	课题引入、PLC 控制原理认知、I/O 分配表讲解、I/O 接线图讲解、编程操作示范	原理认知请阅读本书第 2 章
3~6	I/O 分配表绘制、I/O 接线图绘制、项目编程练习、编程实训	
7~10	项目扩展练习	

【任务目标】

有 6 个交通信号灯，请通过 PLC 编程实现模拟对十字路口交通信号灯的控制。

【任务要求】

1）绘制 I/O 分配表与 I/O 接线图。

2）制作项目材料清单。

3）以 6S 作业规范来实施项目。

4）完成按钮控制的程序编写。

5）完成通电前的线路排查。

6）完成程序认证。

7）严格按照第 1 章的安全规范标准实施本项目。

【学习目标】

1）掌握 PLC 软件的一般编程使用步骤。

2）掌握 I/O 分配表的绘制方法。

3) 掌握 PLC 输入点和输出点的接线方法。

4) 掌握时间继电器 T 的用法。

5) 掌握时序图并能根据题意画出。

6) 掌握项目实施过程中的 6S 要点。

7) 掌握项目实施安全规范标准。

【项目实施】

1. 项目实施流程（项图 12-2）

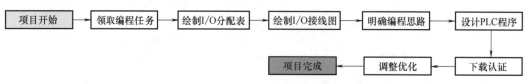

项图 12-2　项目实施流程

2. 写出 I/O 地址分配

本项目的 I/O 分配见项表 12-2。

项表 12-2　I/O 分配

输入 (Input)		输出 (Output)	
功能	PLC 地址	功能	PLC 地址
启动按钮	X0	南北红灯	Y0
停止按钮	X1	东西绿灯	Y1
		东西黄灯	Y2
		东西红灯	Y3
		南北绿灯	Y4
		南北黄灯	Y5

3. 画出 PLC 的 I/O 接线图

本项目的 I/O 接线图如项图 12-3 所示。

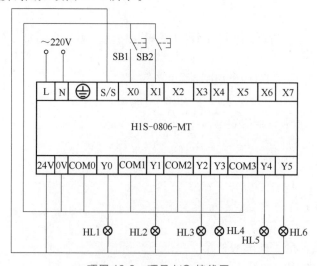

项图 12-3　项目 I/O 接线图

4．程序设计

根据 I/O 分配表及项目控制要求分析，画出本项目控制的梯形图。

项目编程思路分析见项表 12-3。

项表 12-3 项目编程思路分析

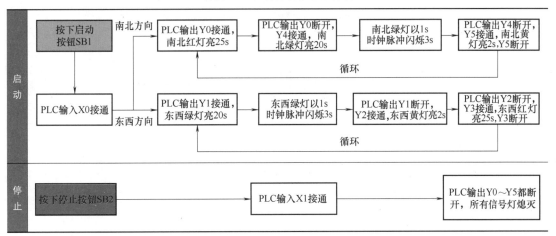

5．PLC 编程软件使用步骤（项表 12-4，需通电后才可下载程序）

项表 12-4 PLC 编程软件使用步骤

序　号	图　示	备　注
第 1 步：新建一个保存工程程序的文件夹	汇川程序保存	—
第 2 步：双击打开软件	AUTO AutoShop	程序版本不同，图标可能不同
第 3 步：新建工程	AutoShop V4.V2.V 文件(F) 查看(V) PLC(P) 工具(T) 帮助(H) 新建工程(N)　Ctrl+N 打开工程(O)...　Ctrl+O 保存工程(S) 工程另存为(A)... 关闭工程(C) 简体系统工程转繁体系统工程 繁体系统工程转简体系统工程 1 临时工程.hcp 退出(X)	—

(续)

序　　号	图　　示	备　　注
第 4 步:设置工程参数	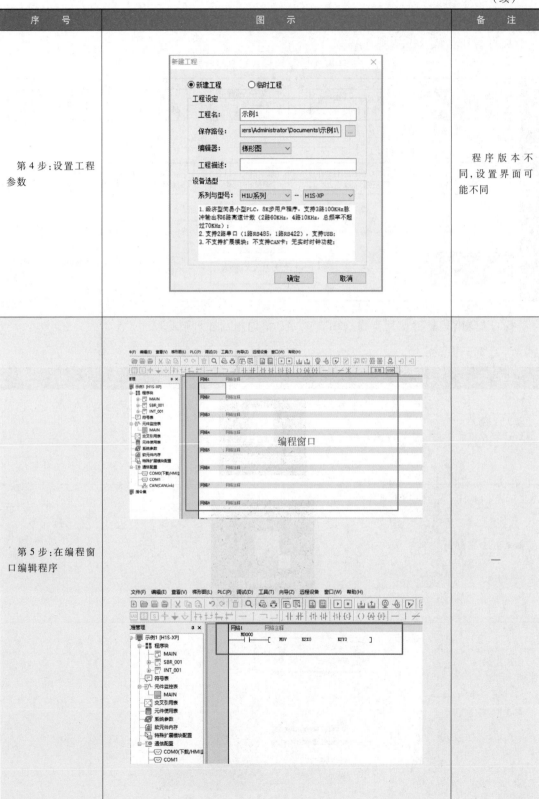	程序版本不同,设置界面可能不同
第 5 步:在编程窗口编辑程序		—

（续）

序　号	图　示	备　注
第 6 步:编译程序（Ctrl＋F7）。编译完成即自动保存至文件夹(第 1 步中的文件夹)	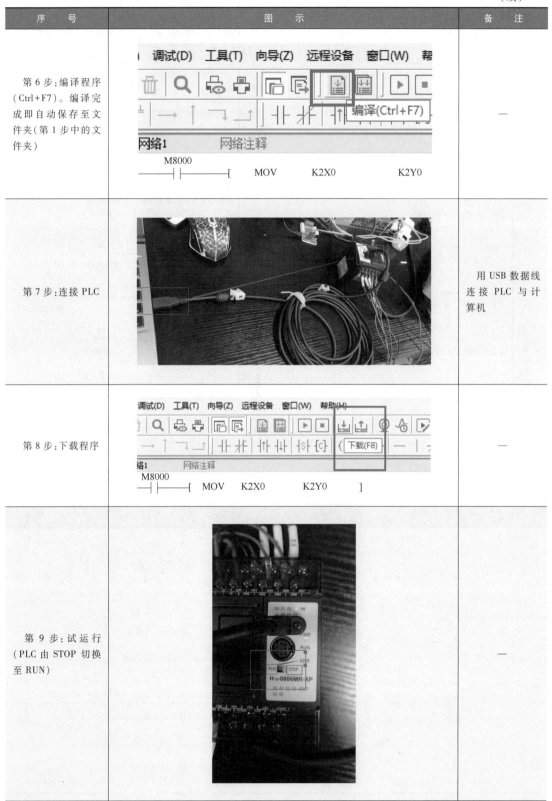	—
第 7 步:连接 PLC		用 USB 数据线连接 PLC 与计算机
第 8 步:下载程序		—
第 9 步:试运行（PLC 由 STOP 切换至 RUN）		—

6. 项目程序（项图 12-4）

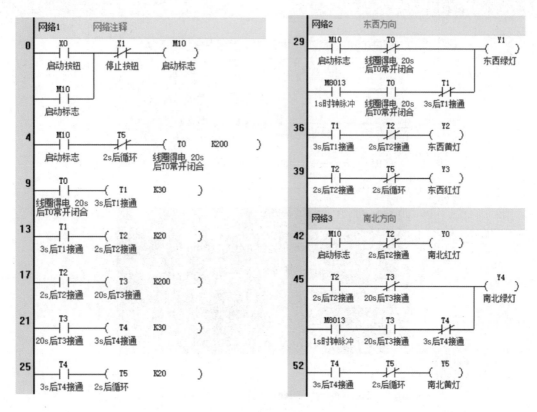

项图 12-4 项目程序

7. PLC 程序调试步骤（项表 12-5）

项表 12-5 PLC 程序调试步骤

操作步骤	操作内容	结果	6S
第 1 步	将 RUN/STOP 开关拨到"STOP"位置		爱护实训设备
第 2 步	插座取电,合上漏电开关,PLC 实训板上电	PLC"PWR"指示灯亮,上电成功	用电安全
第 3 步	连接 PLC 与计算机,将程序下载至 PLC 内		
第 4 步	将 RUN/STOP 开关拨到"RUN"位置	"RUN"指示灯亮,模式切换成功	爱护实训设备
第 5 步	按下启动按钮 SB1	亮灯情况见工作情景描述	用电安全
第 6 步	将 RUN/STOP 开关拨到"STOP"位置	"RUN"指示灯灭,STOP成功	用电安全
第 7 步	断开漏电开关,拔掉插头,PLC 实训板断电		用电安全
第 8 步	整理实训板线路		恢复实训设备

8．评分标准（项表 12-6）

项表 12-6　项目实施评分标准

项目内容	配分	评分标准	评分依据	得分
职业素养	20分	遵守规章制度、劳动纪律 按时按质完成工作任务 积极主动承担工作任务，勤学好问 人身安全与设备安全 工作岗位 6S	1）出勤 2）工作态度 3）劳动纪律 4）团队协作精神 5）6S	
专业能力	60分	掌握编程软件的使用步骤 掌握项目 I/O 分配表的绘制方法 掌握 PLC 输入点和输出点的接线方法 掌握时间继电器 T 的用法 掌握项目实施过程中的 6S 要点 掌握项目实施安全规范标准 独立完成项目实训	1）操作的准确性与规范性 2）项目完成情况	
创新能力	20分	在任务过程中能提出自己的、有见解的方案 在教学管理上能提出建议，具有合理性、创新性 在项目实施过程中，能根据项目设备设计关联题目，开展编程实训	1）方法可行性 2）建议合理性、创新性 3）题目关联性	
定额时间	2h，每超 5min（不足 5min 以 5min 计）		扣 5 分	
备注	除定额时间外，各项目的最高扣分不应超过配分数		成绩	
开始时间		结束时间	实际时间	

9．项目扩展

假设一十字路口的交通信号灯控制时序图如项图 12-5 所示。南北方向：红灯亮 30s，转到绿灯亮 22s，再按 1s/次的规律闪烁 5 次，然后转到黄灯亮 3s。东西方向：绿灯亮 22s，再

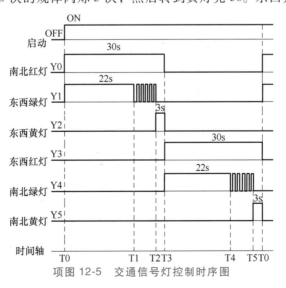

项图 12-5　交通信号灯控制时序图

按 1s/次的规律闪烁 5 次，转到黄灯亮 3s，然后红灯亮 30s。至此完成一个周期，之后如此循环运行。当按下停止按钮后，全部信号灯都熄灭。现硬件已经安装完毕，请根据控制要求绘制 I/O 分配表和 I/O 接线图，并编写 PLC 程序。

1）I/O 分配表。

2）I/O 接线图。

3）PLC 程序。

项目 13　按钮控制模拟交通信号灯编程实训二

【工作情景】

假设一十字路口的交通信号灯控制时序图如项图 13-1 所示。南北方向：红灯亮 25s，转到绿灯亮 20s，再按 1s/次的规律闪烁 3 次，然后转到黄灯亮 2s。东西方向：绿灯亮 20s，再按 1s/次的规律闪烁 3 次，转到黄灯亮 2s，然后红灯亮 25s。至此完成一个周期，之后如此循环运行。假设循环运行 3 遍后，该信号灯控制自动停止。当按下停止按钮后，全部信号灯都熄灭。现硬件已经安装完毕，需要编程人员编写 PLC 的控制程序，以便灯光可以正常投入使用。

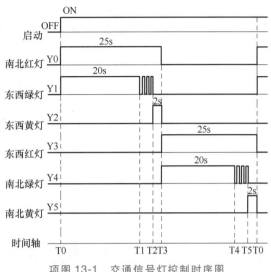

项图 13-1　交通信号灯控制时序图

【工作任务】

按钮控制模拟交通灯编程实训二。

【完成时间】

此工作任务完成时间为 10 课时，指导性课时安排见项表 13-1。

项表 13-1　指导性课时安排

课时	内　　容	备　　注
1~2	课题引入、PLC 控制原理认知、I/O 分配表讲解、I/O 接线图讲解、编程操作示范	原理认知请阅读本书第 2 章
3~6	I/O 分配表绘制、I/O 接线图绘制、项目编程练习、编程实训	
7~10	项目扩展练习	

【任务目标】

有 6 个信号灯，请通过 PLC 编程实现模拟对十字路口交通信号灯的控制。

【任务要求】

1）绘制 I/O 分配表与 I/O 接线图。

2）制作项目材料清单。

3）以 6S 作业规范来实施项目。

4）完成按钮控制的程序编写。

5）完成通电前的线路排查。

6）完成程序认证。

7）严格按照第 1 章的安全规范标准实施本项目。

【学习目标】

1）掌握 PLC 软件的一般编程使用步骤。

2）掌握 I/O 分配表的绘制方法。

3）掌握 PLC 输入点和输出点的接线方法。

4）掌握时间继电器 T 的用法。

5）掌握计数器 C 的用法。

6）掌握时序图并能根据题意画出。

7）掌握项目实施过程中的 6S 要点。

8）掌握项目实施安全规范标准。

【项目实施】

1. 项目实施流程（项图 13-2）

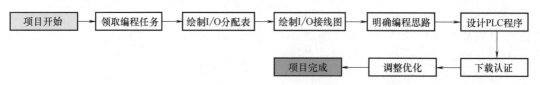

项图 13-2　项目实施流程

2. 写出 I/O 地址分配

本项目的 I/O 分配见项表 13-2。

项表 13-2　I/O 分配

输入（Input）		输出（Output）	
功能	PLC 地址	功能	PLC 地址
启动按钮	X0	南北红灯	Y0
停止按钮	X1	东西绿灯	Y1
		东西黄灯	Y2
		东西红灯	Y3
		南北绿灯	Y4
		南北黄灯	Y5

3. 画出 PLC 的 I/O 接线图

本项目的 I/O 接线图如项图 13-3 所示。

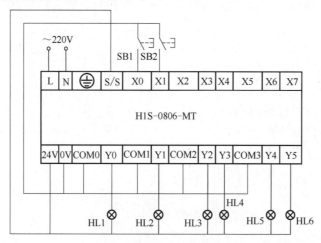

项图 13-3　项目 I/O 接线图

4. 程序设计

根据 I/O 分配表及项目控制要求分析，画出本项目控制的梯形图。

项目编程思路分析见项表 13-3。

项表 13-3 项目编程思路分析

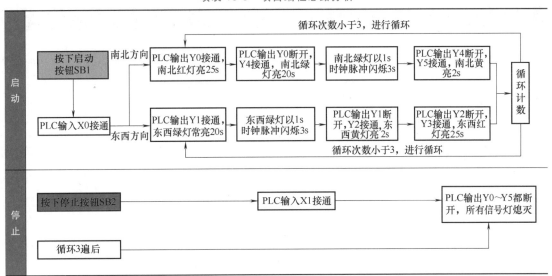

5. PLC 编程软件使用步骤（项表 13-4，需通电后才可下载程序）

项表 13-4 PLC 编程软件使用步骤

序 号	图 示	备 注
第 1 步:新建一个保存工程程序的文件夹		—
第 2 步:双击打开软件		程序版本不同,图标可能不同
第 3 步:新建工程		—

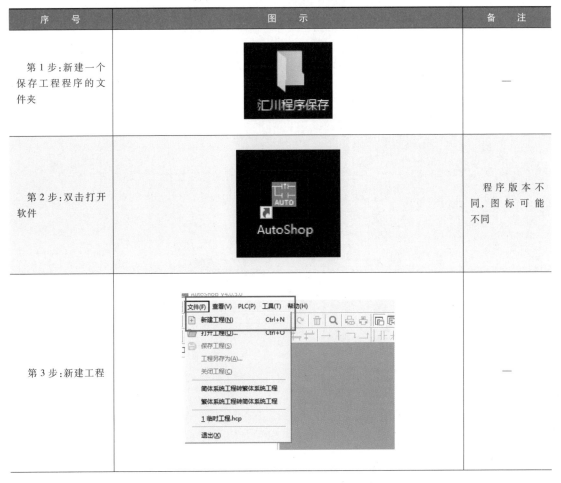

（续）

序　　号	图　　示	备　　注
第4步:设置工程参数	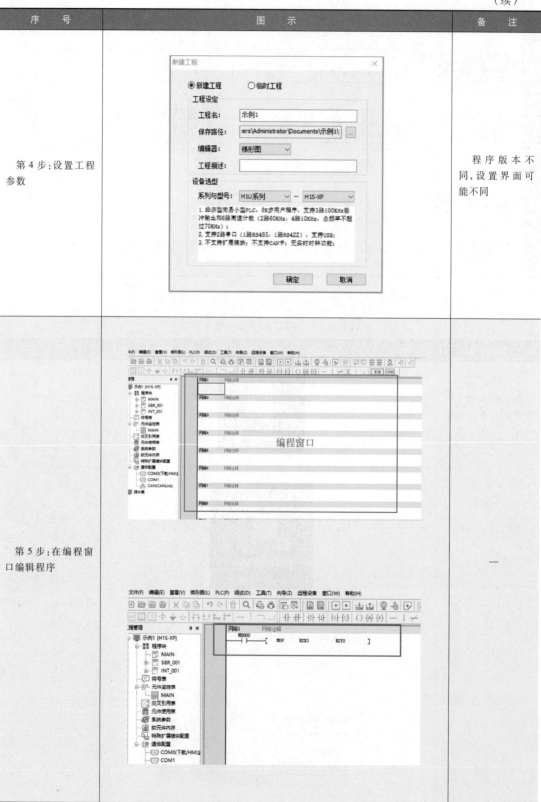	程序版本不同,设置界面可能不同
第5步:在编程窗口编辑程序		—

（续）

序　　号	图　　示	备　　注
第 6 步：编译程序（Ctrl+F7）。编译完成即自动保存至文件夹（第 1 步中的文件夹）	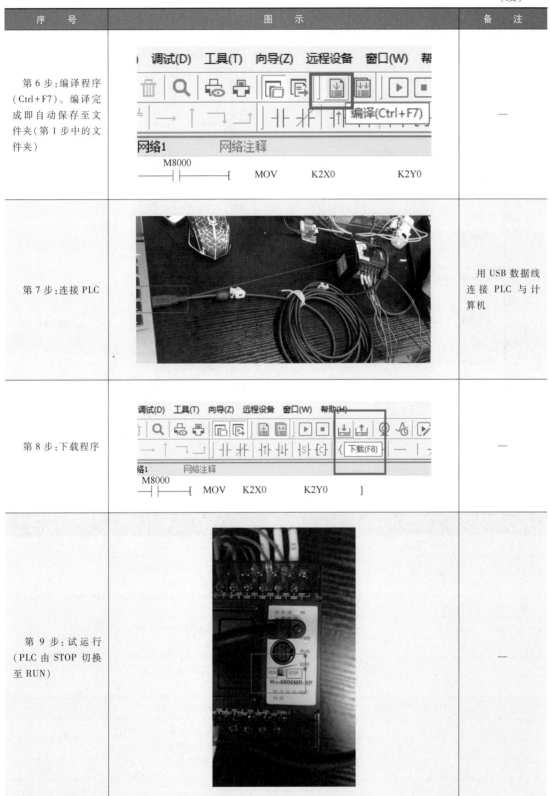	—
第 7 步：连接 PLC		用 USB 数据线连接 PLC 与计算机
第 8 步：下载程序		—
第 9 步：试运行（PLC 由 STOP 切换至 RUN）		—

6. 项目程序（项图 13-4）

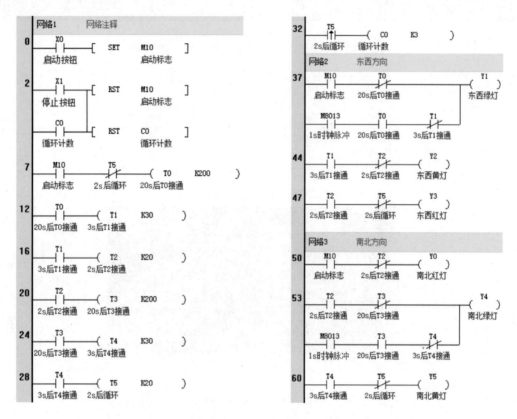

项图 13-4 项目程序

7. PLC 程序调试步骤（项表 13-5）

项表 13-5 PLC 程序调试步骤

操作步骤	操作内容	结果	6S
第 1 步	将 RUN/STOP 开关拨到"STOP"位置		爱护实训设备
第 2 步	插座取电,合上漏电开关,PLC 实训板上电	PLC"PWR"指示灯亮,上电成功	用电安全
第 3 步	连接 PLC 与计算机,将程序下载至 PLC 内		
第 4 步	将 RUN/STOP 开关拨到"RUN"位置	"RUN"指示灯亮,模式切换成功	爱护实训设备
第 5 步	按下启动按钮 SB1	亮灯情况见工作情景描述	用电安全
第 6 步	按下停止按钮 SB2	所有信号灯熄灭	用电安全
第 7 步	将 RUN/STOP 开关拨到"STOP"位置	"RUN"指示灯灭,STOP成功	用电安全
第 8 步	断开漏电开关,拔掉插头,PLC 实训板断电		用电安全
第 9 步	整理实训板线路		恢复实训设备

8. 评分标准（项表 13-6）

项表 13-6　项目实施评分标准

项目内容	配分	评分标准	评分依据	得分
职业素养	20分	遵守规章制度、劳动纪律 按时按质完成工作任务 积极主动承担工作任务，勤学好问 人身安全与设备安全 工作岗位 6S	1）出勤 2）工作态度 3）劳动纪律 4）团队协作精神 5）6S	
专业能力	60分	掌握编程软件的使用步骤 掌握项目 I/O 分配表的绘制方法 掌握 PLC 输入点和输出点的接线方法 掌握时间继电器 T 的用法 掌握计数器 C 的用法 掌握项目实施过程中的 6S 要点 掌握项目实施安全规范标准 独立完成项目实训	1）操作的准确性与规范性 2）项目完成情况	
创新能力	20分	在任务过程中能提出自己的、有见解的方案 在教学管理上能提出建议，具有合理性、创新性 在项目实施过程中，能根据项目设备设计关联题目，开展编程实训	1）方法可行性 2）建议合理性、创新性 3）题目关联性	
定额时间	2h，每超 5min（不足 5min 以 5min 计）		扣 5 分	
备注	除定额时间外，各项目的最高扣分不应超过配分数		成绩	
开始时间		结束时间	实际时间	

9. 项目扩展

假设一十字路口的交通信号灯控制时序图如项图 13-5 所示。南北方向：红灯亮 30s，转

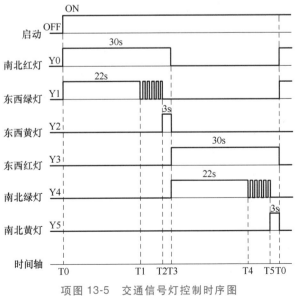

项图 13-5　交通信号灯控制时序图

到绿灯亮 22s，再按 1s/次的规律闪烁 5 次，然后转到黄灯亮 3s；东西方向：绿灯亮 22s，再按 1s/次的规律闪烁 5 次，转到黄灯亮 3s，然后红灯亮 30s，之后以此周期循环运行。假设循环运行 3 遍后，该信号灯控制自动停止。当按下停止按钮后，全部信号灯都熄灭。现硬件已经安装完毕，请根据控制要求绘制 I/O 分配表和 I/O 接线图，并编写 PLC 程序。

　　1）I/O 分配表。

　　2）I/O 接线图。

　　3）时序图。

4）PLC 程序。

项目 14 按钮控制模拟交通信号灯编程实训三

【工作情景】

假设一十字路口的交通信号灯控制时序图如项图 14-1 所示。假设白天模式为早上 6 点到晚上 8 点，按下启动按钮（SB1），南北方向：红灯亮 25s，转到绿灯亮 20s，再按 1s/次的规律闪烁 3 次，然后转到黄灯亮 2s；东西方向：绿灯亮 20s，再按 1s/次的规律闪烁 3 次，转到黄灯亮 2s，然后红灯亮 25s；之后以此周期循环运行。夜晚模式为晚上 8 点到第二天早上 6 点，按下启动按钮（SB2），南北方向：红灯亮 30s，转到绿灯亮 22s，再按 1s/次的规律闪烁 5 次，然后转到黄灯亮 3s；东西方向：绿灯亮 22s，再按 1s/次的规律闪烁 5 次，转到黄灯亮 3s，然后红灯亮 30s；之后以此周期循环运行。现硬件已经安装完毕，需要编程人员编写 PLC 的控制程序，以便灯光可以正常投入使用。

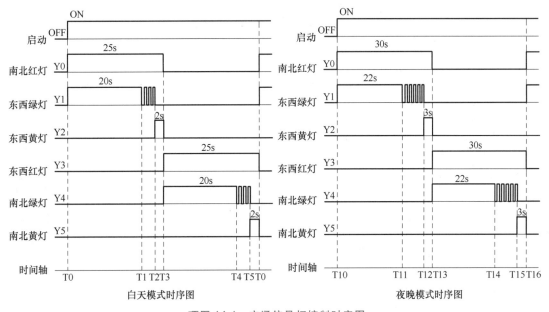

项图 14-1 交通信号灯控制时序图

【工作任务】

按钮控制模拟交通灯编程实训三。

【完成时间】

此工作任务完成时间为 12 课时，指导性课时安排见项表 14-1。

项表 14-1　指导性课时安排

课时	内　容	备　注
1~2	课题引入、PLC 控制原理认知、I/O 分配表讲解、I/O 接线图讲解、编程操作示范	原理认知请阅读本书第 2 章
3~8	I/O 分配表绘制、I/O 接线图绘制、项目编程练习、编程实训	
9~12	项目扩展练习	

【任务目标】

有 6 个信号灯，请通过 PLC 编程实现模拟对十字路口交通信号灯的控制。

【任务要求】

1）绘制 I/O 分配表与 I/O 接线图。

2）制作项目材料清单。

3）以 6S 作业规范来实施项目。

4）完成按钮控制的程序编写。

5）完成通电前的线路排查。

6）完成程序认证。

7）严格按照第 1 章的安全规范标准实施本项目。

【学习目标】

1）掌握 PLC 软件的一般编程使用步骤。

2）掌握 I/O 分配表的绘制方法。

3）掌握 PLC 输入点和输出点的接线方法。

4）掌握时间继电器 T 的用法。

5）掌握时序图并能根据题意画出。

6）掌握项目实施过程中的 6S 要点。

7）掌握项目实施安全规范标准。

【项目实施】

1. 项目实施流程（项图 14-2）

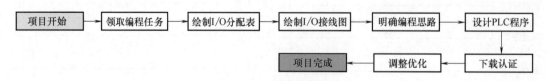

项图 14-2　项目实施流程

2. 写出 I/O 地址分配

本项目的 I/O 分配见项表 14-2。

项表 14-2　I/O 分配

输入 (Input)		输出 (Output)	
功能	PLC 地址	功能	PLC 地址
白天模式	X0	南北红灯	Y0
夜晚模式	X1	东西绿灯	Y1
		东西黄灯	Y2
		东西红灯	Y3
		南北绿灯	Y4
		南北黄灯	Y5

3. 画出 PLC 的 I/O 接线图

本项目的 I/O 接线图如项图 14-3 所示。

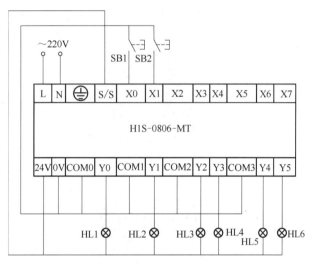

项图 14-3　项目 I/O 接线图

4. 程序设计

根据 I/O 分配表及项目控制要求分析，画出本项目控制的梯形图。

项目编程思路分析见项表 14-3。

项表 14-3　项目编程思路分析

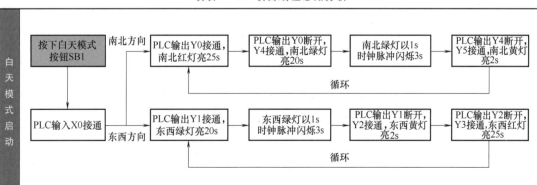

（续）

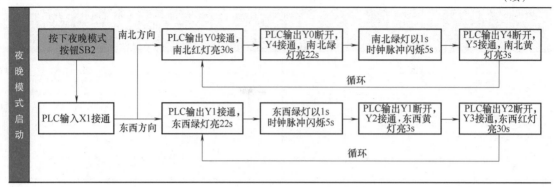

5. PLC 编程软件使用步骤（项表 14-4，需通电后才可下载程序）

项表 14-4　PLC 编程软件使用步骤

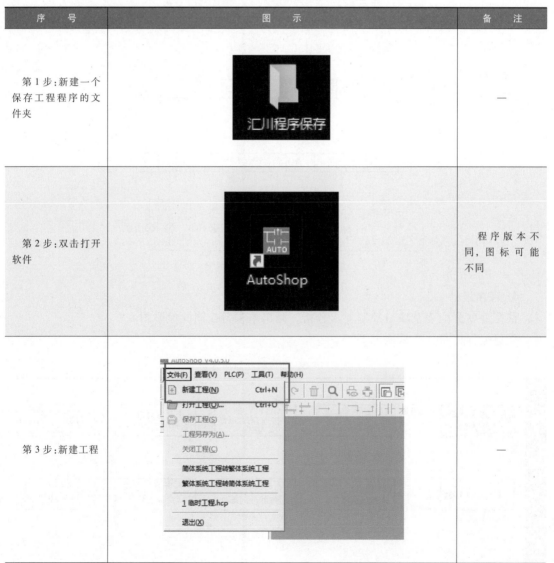

序　号	图　示	备　注
第1步：新建一个保存工程程序的文件夹		—
第2步：双击打开软件		程序版本不同，图标可能不同
第3步：新建工程		—

（续）

序　号	图　示	备　注
第4步：设置工程参数	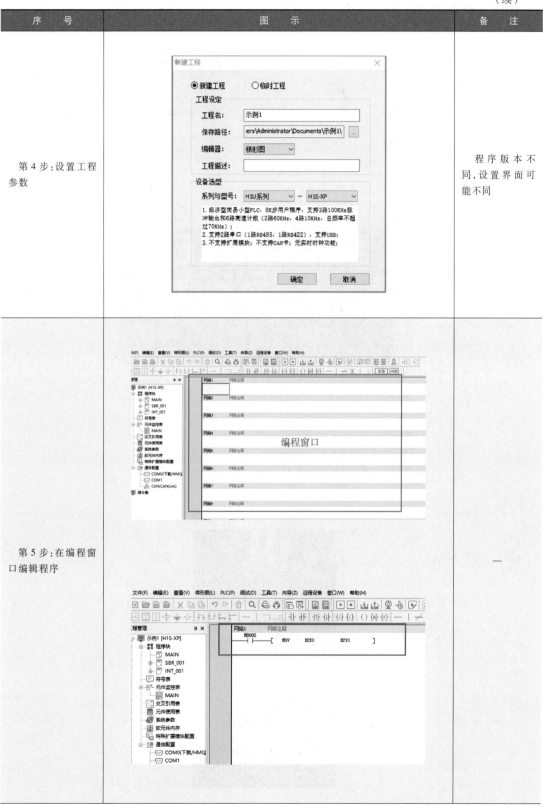	程序版本不同，设置界面可能不同
第5步：在编程窗口编辑程序		—

（续）

序　号	图　示	备　注
第6步：编译程序（Ctrl+F7）。编译完成即自动保存至文件夹（第1步中的文件夹）	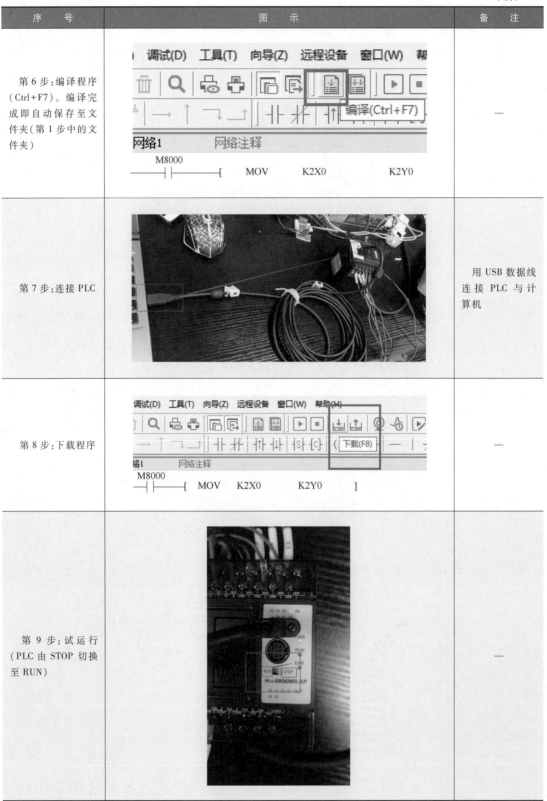	—
第7步：连接PLC		用 USB 数据线连接 PLC 与计算机
第8步：下载程序		—
第9步：试运行（PLC 由 STOP 切换至 RUN）		—

6. 项目程序（项图 14-4）

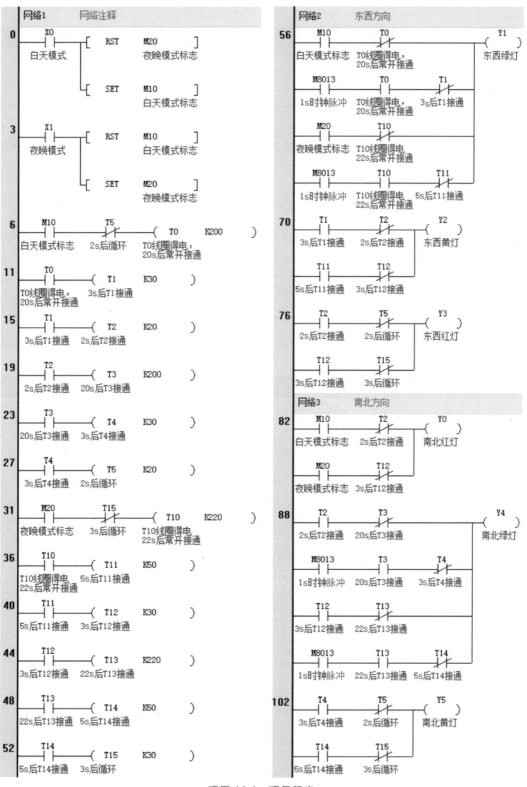

项图 14-4　项目程序

7. PLC 程序调试步骤（项表 14-5）

项表 14-5　PLC 程序调试步骤

操作步骤	操作内容	结果	6S
第 1 步	将 RUN/STOP 开关拨到"STOP"位置		爱护实训设备
第 2 步	插座取电，合上漏电开关，PLC 实训板上电	PLC"PWR"指示灯亮，上电成功	用电安全
第 3 步	连接 PLC 与计算机，将程序下载至 PLC 内		
第 4 步	将 RUN/STOP 开关拨到"RUN"位置	"RUN"指示灯亮，模式切换成功	爱护实训设备
第 5 步	按下白天模式按钮 SB1	亮灯情况见工作情景描述	用电安全
第 6 步	按下夜晚模式按钮 SB2	亮灯情况见工作情景描述	
第 7 步	将 RUN/STOP 开关拨到"STOP"位置	"RUN"指示灯灭，STOP 成功	用电安全
第 8 步	断开漏电开关，拔掉插头，PLC 实训板断电		用电安全
第 9 步	整理实训板线路		恢复实训设备

8. 评分标准（项表 14-6）

项表 14-6　项目实施评分标准

项目内容	配分	评分标准	评分依据	得分
职业素养	20 分	遵守规章制度、劳动纪律 按时按质完成工作任务 积极主动承担工作任务，勤学好问 人身安全与设备安全 工作岗位 6S	1）出勤 2）工作态度 3）劳动纪律 4）团队协作精神 5）6S	
专业能力	60 分	掌握编程软件的使用步骤 掌握项目 I/O 分配表的绘制方法 掌握 PLC 输入点和输出点的接线方法 掌握时间继电器 T 的用法 掌握项目实施过程中的 6S 要点 掌握项目实施安全规范标准 独立完成项目实训	1）操作的准确性与规范性 2）项目完成情况	
创新能力	20 分	在任务过程中能提出自己的、有见解的方案 在教学管理上能提出建议，具有合理性、创新性 在项目实施过程中，能根据项目设备设计关联题目，开展编程实训	1）方法可行性 2）建议合理性、创新性 3）题目关联性	
定额时间	2.5h，每超 5min（不足 5min 以 5min 计）		扣 5 分	
备注	除定额时间外，各项目的最高扣分不应超过配分数		成绩	
开始时间		结束时间	实际时间	

9. 项目扩展

假设一十字路口的交通信号灯控制时序图如项图 14-5 所示。假设白天模式为早上 6 点到晚上 8 点，按下启动按钮，南北方向：红灯亮 25s，转到绿灯亮 20s，再按 1s/次的规律闪烁 3 次，然后转到黄灯亮 2s；东西方向：绿灯亮 20s，再按 1s/次的规律闪烁 3 次，转到黄灯亮 2s，然后红灯亮 25s；之后以此周期循环运行。夜晚模式为晚上 8 点到第二天早上 6 点，按下启动按钮，南北方向：红灯亮 30s，转到绿灯亮 22s，再按 1s/次的规律闪烁 5 次，然后转到黄灯亮 3s；东西方向：绿灯亮 22s，再按 1s/次的规律闪烁 5 次，转到黄灯亮 3s，然后红灯亮 30s；之后以此周期循环运行。假设循环运行 3 遍后，信号灯控制自动停止。当按下停止按钮后，全部信号灯都熄灭。现硬件已经安装完毕，请根据控制要求绘制 I/O 分配表和 I/O 接线图，并编写 PLC 程序。

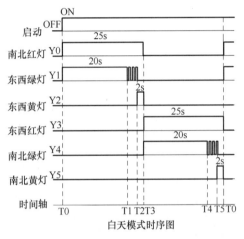 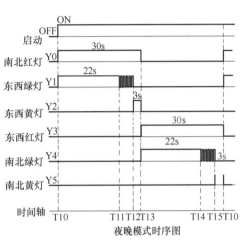

项图 14-5 交通信号灯控制时序图

1）I/O 分配表。

2）I/O 接线图。

3）PLC 程序。

项目 15 功能指令控制指示灯编程实训

【工作情景】

某车间设备的运行由汇川 H1S 系列 PLC 控制，运行前要先起动两台大型抽风机，因为抽风机的功率比较大，只能采取星-三角降压起动的方式；现在要求工程技术人员设计出用功能指令控制两台抽风机电动机星-三角降压起动，使电动机星-三角起动的相应指示灯亮。工作方式：按下启动按钮，电源指示灯亮，两台电动机先进行星形启动，星形运行指示灯亮，6s 后自动转化成三角形运行，三角形运行指示灯亮；按下停止按钮，所有电动机立刻停止运转，电动机运行指示灯熄灭。现硬件已经安装完毕，需要编程人员对此进行编程，以便设备可以正常投入使用。

【工作任务】

功能指令控制指示灯编程实训。

【完成时间】

此工作任务完成时间为 6 课时，指导性课时安排见项表 15-1。

项表 15-1 指导性课时安排

课时	内 容	备 注
1~3	课题引入、PLC 控制原理认知、I/O 分配表绘制、I/O 接线图绘制、编程操作示范、项目编程练习	原理认知请阅读本书第 2 章
4~6	编程实训,项目扩展练习	

【任务目标】

请通过 PLC 控制设计出功能指令控制两台电动机星三角降压起动。

【任务要求】

1）绘制 I/O 分配表与 I/O 接线图。

2) 制作项目材料清单。

3) 以 6S 作业规范来实施项目。

4) 完成按钮功能指令控制的程序编写。

5) 完成通电前的线路排查。

6) 完成程序认证。

7) 严格按照第 1 章的安全规范标准实施本项目。

【学习目标】

1) 掌握 PLC 软件的一般编程使用步骤。

2) 掌握 I/O 分配表的绘制方法。

3) 掌握 PLC 输入点和输出点的接线方法。

4) 掌握功能传送指令 MOV 的使用方法。

5) 掌握项目实施过程中的 6S 要点。

6) 掌握项目实施安全规范标准。

【项目实施】

1. 项目实施流程（项图 15-1）

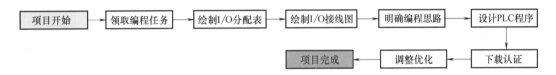

项图 15-1　项目实施流程

2. 写出 I/O 地址分配

本项目的 I/O 分配见项表 15-2。

项表 15-2　I/O 分配

输入（Input）		输出（Output）	
功能	PLC 地址	功能	PLC 地址
启动按钮	X0	电动机 1 电源指示灯	Y0
停止按钮	X1	电动机 1 星形运行指示灯	Y1
		电动机 1 三角形运行指示灯	Y2
		电动机 2 电源指示灯	Y3
		电动机 2 星形运行指示灯	Y4
		电动机 2 三角形运行指示灯	Y5

3. 画出 PLC 的 I/O 接线图

本项目的 I/O 接线图如项图 15-2 所示。

4. 程序设计

根据 I/O 分配表及项目控制要求分析，画出本项目控制的梯形图。

项目编程思路分析见项表 15-3。

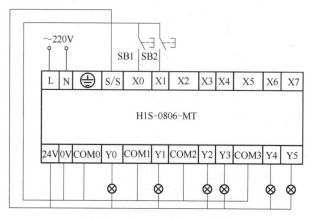

项图 15-2　项目 I/O 接线图

项表 15-3　项目编程思路分析

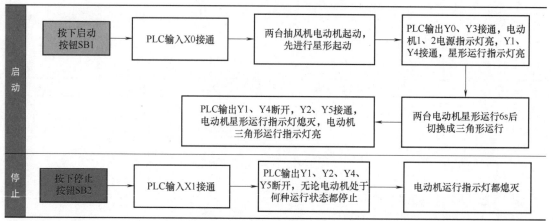

5. PLC 编程软件使用步骤（项表 15-4，需通电后才可下载程序）

项表 15-4　PLC 编程软件使用步骤

序　号	图　示	备　注
第 1 步:新建一个保存工程程序的文件夹		—
第 2 步:双击打开软件		程序版本不同,图标可能不同

（续）

序 号	图 示	备 注
第 3 步：新建工程	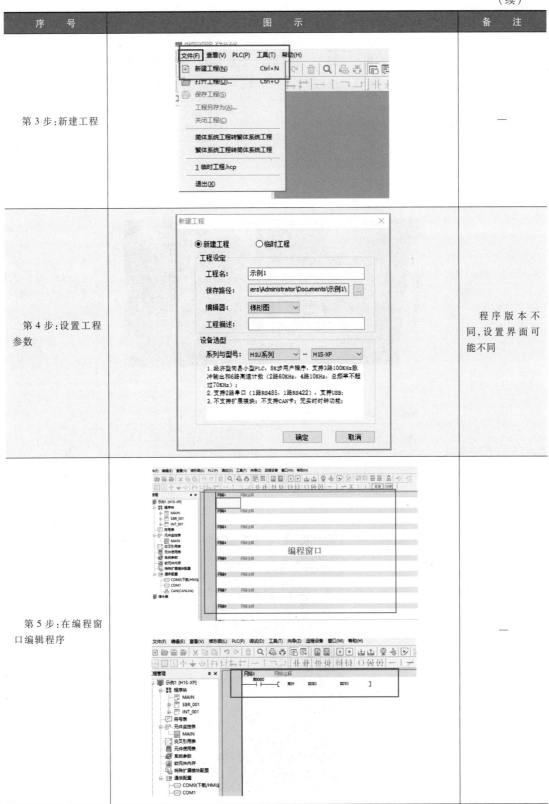	—
第 4 步：设置工程参数		程序版本不同，设置界面可能不同
第 5 步：在编程窗口编辑程序		—

（续）

序　号	图　示	备　注
第6步：编译程序（Ctrl＋F7）。编译完成即自动保存至文件夹（第1步中的文件夹）	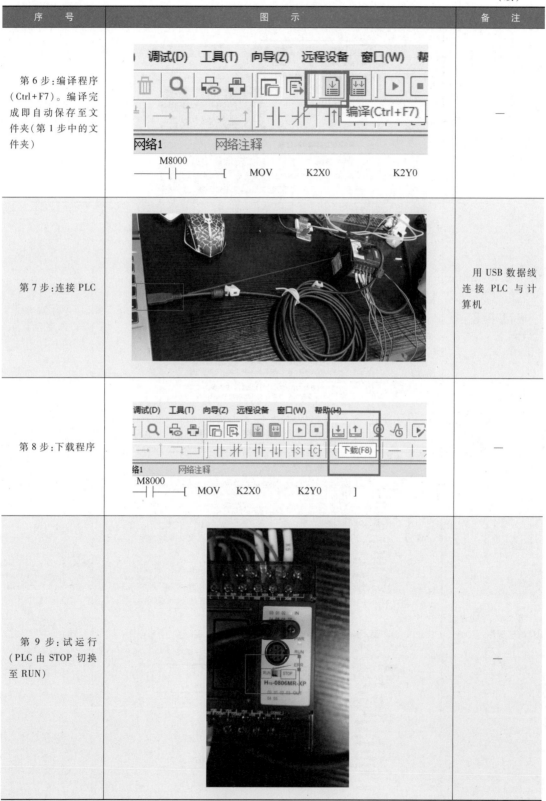	—
第7步：连接PLC		用 USB 数据线连接 PLC 与计算机
第8步：下载程序		—
第9步：试运行（PLC 由 STOP 切换至 RUN）		—

6. 项目程序（项图 15-3）

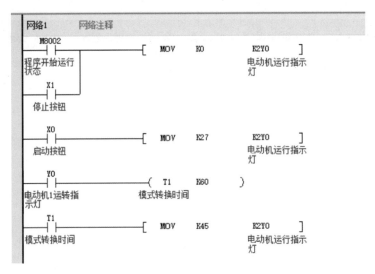

项图 15-3　项目程序

7. PLC 程序调试步骤（项表 15-5）

项表 15-5　PLC 程序调试步骤

操作步骤	操 作 内 容	结　果	6S
第 1 步	将 RUN/STOP 开关拨到"STOP"位置		爱护实训设备
第 2 步	插座取电,合上漏电开关,PLC 实训板上电	PLC"PWR"指示灯亮,上电成功	用电安全
第 3 步	连接 PLC 与计算机,将程序下载至 PLC 内		
第 4 步	将 RUN/STOP 开关拨到"RUN"位置	"RUN"指示灯亮,模式切换成功	爱护实训设备
第 5 步	按下启动按钮 SB1	电动机进行星形降压起动,Y0、Y1、Y3、Y4 接通,电动机电源指示灯亮,电动机星形运行指示灯亮	用电安全
第 6 步	等待 6s 后	电动机进行三角形全压起动,Y1、Y4 断开,Y2、Y5 接通,电动机星形运行指示灯熄灭,电动机三角形运行指示灯亮	用电安全
第 7 步	按下停止按钮 SB2	电动机停止运行,电动机运行指示灯均熄灭	用电安全
第 8 步	将 RUN/STOP 开关拨到"STOP"位置	"RUN"指示灯灭,STOP 成功	
第 9 步	断开漏电开关,拔掉插头,PLC 实训板断电		用电安全
第 10 步	整理实训板线路		恢复实训设备

8. 评分标准（项表 15-6）

项表 15-6　项目实施评分标准

项目内容	配分	评分标准		评分依据	得分
职业素养	20分	遵守规章制度、劳动纪律		1）出勤 2）工作态度 3）劳动纪律 4）团队协作精神 5）6S	
		按时按质完成工作任务			
		积极主动承担工作任务，勤学好问			
		人身安全与设备安全			
		工作岗位 6S			
专业能力	60分	掌握项目 I/O 分配表的绘制方法		1）操作的准确性与规范性 2）项目完成情况	
		掌握 PLC 输入点和输出点的接线方法			
		掌握项目实施过程中的 6S 要点			
		掌握项目实施安全规范标准			
		掌握传送指令 MOV 的使用方法			
		熟练运用传送指令进行梯形图设计			
		能熟练设计出功能指令控制电动机星-三角降压起动系统梯形图程序以及调试方法			
		能独立完成项目程序的编写、输入、下载、调试等			
创新能力	20分	在任务过程中能提出自己的、有见解的方案		1）方法可行性 2）建议合理性、创新性 3）题目关联性	
		在教学管理上能提出建议，具有合理性、创新性			
		在项目实施过程中，能根据项目设备设计关联题目，开展编程实训			
定额时间	0.5h，每超 5min（不足 5min 以 5min 计）			扣 5 分	
备注	除定额时间外，各项目的最高扣分不应超过配分数			成绩	
开始时间		结束时间		实际时间	

9. 项目扩展

抽风机运行程序设计完成后发现，在调试中两台抽风机一起起动的功率还是有点大，所以要改变起动控制。工作方式：按下启动按钮，电动机 1 进行星形降压起动，6s 后，转换成三角形全压运行，相应指示灯亮；3s 后，电动机 2 进行星形降压启动，再过 6s 转换成三角形全压运行，相应指示灯亮。停止时，电动机 1 先停止，再轮到电动机 2 停止，相应指示灯熄灭；并设置紧急事故处理程序以及急停按钮。请根据控制要求绘制 I/O 分配表和 I/O 接线图，并编写 PLC 程序。

1）I/O 分配表。

2）I/O 接线图。

3）PLC 程序。

项目 16　运算指令控制指示灯编程实训

【工作情景】

某车间传送设备的转速有 6 个档位，由汇川 H1S 系列 PLC 控制，现在要求技术人员设计出一个设备调速系统，每个档位都要相应的指示灯。工作方式：按下启动按钮，设备默认以 1 档进行转动；转速太慢时可以按加速档位按钮，速度太快时可以按减速档位按钮；按下停止按钮时，设备停机。现硬件已经安装完毕，需要编程人员对此进行编程，以便设备可以正常投入使用。

【工作任务】

运算指令控制指示灯编程实训。

【完成时间】

此工作任务完成时间为 6 课时，指导性课时安排见项表 16-1。

项表 16-1　指导性课时安排

课时	内　　容	备　　注
1~3	课题引入、PLC 控制原理认知、I/O 分配表讲解、I/O 接线图绘制、编程操作示范、项目编程练习	原理认知请阅读本书第 2 章
4~6	编程实训、项目扩展练习	

【任务目标】

请通过 PLC 控制设计出运算指令控制传送设备转速。

【任务要求】

1）绘制 I/O 分配表与 I/O 接线图。

2）制作项目材料清单。

3）以 6S 作业规范来实施项目。

4）完成按钮运算指令控制的程序编写。

5）完成通电前的线路排查。

6）完成程序认证。

7）严格按照第 1 章的安全规范标准实施本项目。

【学习目标】

1）掌握 PLC 软件的一般编程使用步骤。

2）掌握 I/O 分配表的绘制方法。

3）掌握 PLC 输入点和输出点的接线方法。

4）掌握运算指令加一（INC）、减一（DEC）的用法。

5）掌握项目实施过程中的 6S 要点。

6）掌握项目实施安全规范标准。

【项目实施】

1. 项目实施流程（项图 16-1）

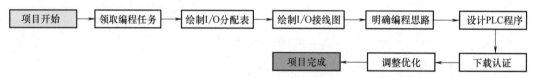

项图 16-1　项目实施流程

2. 写出 I/O 地址分配

本项目的 I/O 分配见项表 16-2。

项表 16-2　I/O 分配

输入（Input）		输出（Output）	
功能	PLC 地址	功能	PLC 地址
启动按钮 SB1	X0	1 档指示灯	Y0
停止按钮 SB2	X1	2 档指示灯	Y1
加一档按钮 SB3	X2	3 档指示灯	Y2
减一档按钮 SB4	X3	4 档指示灯	Y3
		5 档指示灯	Y4
		6 档指示灯	Y5

3. 画出 PLC 的 I/O 接线图

本项目的 I/O 接线图如项图 16-2 所示。

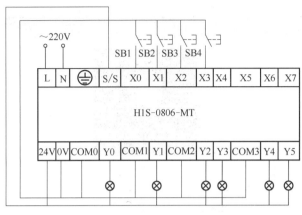

项图 16-2 项目 I/O 接线图

4. 程序设计

根据 I/O 分配表及项目控制要求分析，画出本项目控制的梯形图。

项目编程思路分析见项表 16-3。

项表 16-3 项目编程思路分析

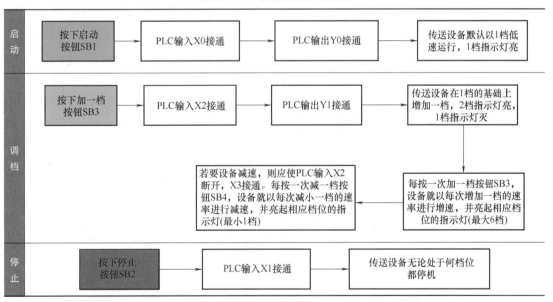

5. PLC 编程软件使用步骤（项表 16-4，需通电后才可下载程序）

项表 16-4 PLC 编程软件使用步骤

序 号	图 示	备 注
第 1 步：新建一个保存工程程序的文件夹	汇川程序保存	—

（续）

序　号	图　示	备　注
第2步：双击打开软件	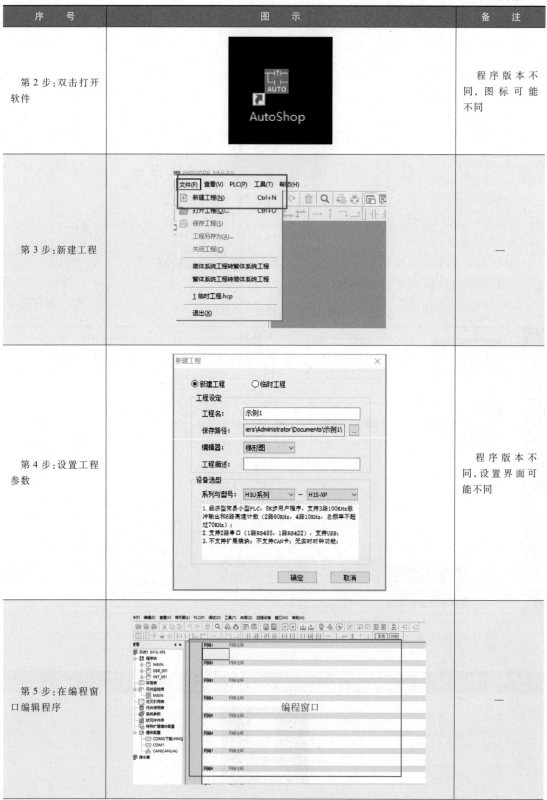	程序版本不同，图标可能不同
第3步：新建工程		—
第4步：设置工程参数		程序版本不同，设置界面可能不同
第5步：在编程窗口编辑程序		—

（续）

序　号	图　示	备　注
第 5 步：在编程窗口编辑程序	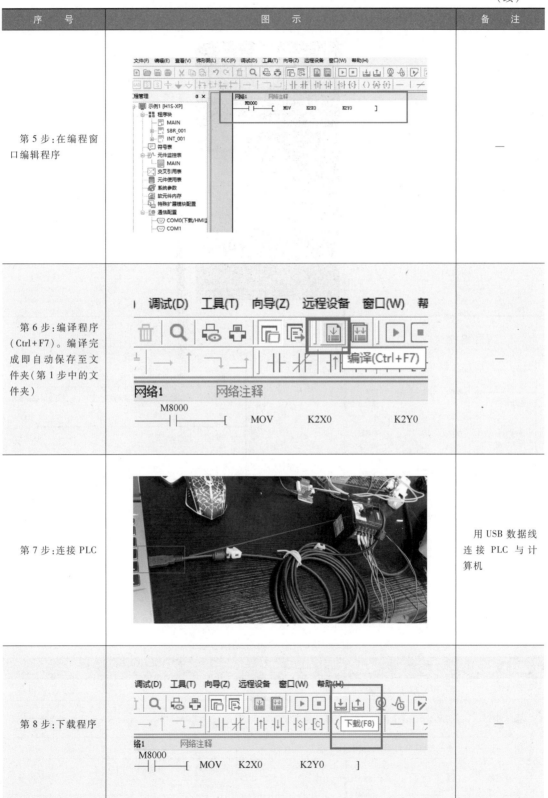	—
第 6 步：编译程序（Ctrl＋F7）。编译完成即自动保存至文件夹（第 1 步中的文件夹）		—
第 7 步：连接 PLC		用 USB 数据线连接 PLC 与计算机
第 8 步：下载程序		—

（续）

序　号	图　示	备　注
第 9 步：试运行（PLC 由 STOP 切换至 RUN）	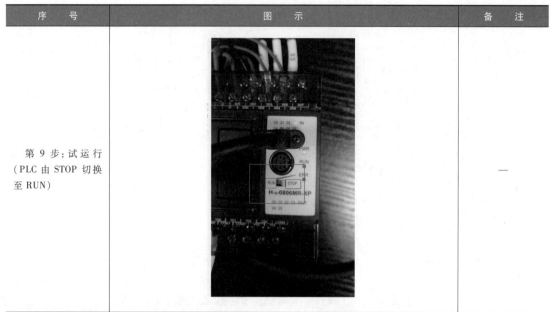	—

6. 项目程序（项图 16-3）

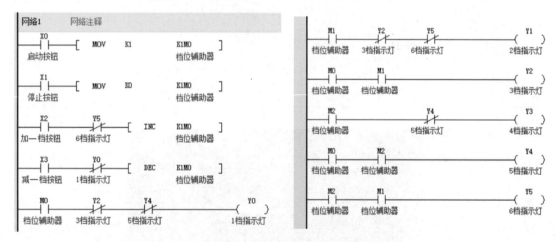

项图 16-3　项目程序

7. PLC 程序调试步骤（项表 16-5）

项表 16-5　PLC 程序调试步骤

操作步骤	操作内容	结果	6S
第 1 步	将 RUN/STOP 开关拨到"STOP"位置		爱护实训设备
第 2 步	插座取电，合上漏电开关，PLC 实训板上电	PLC"PWR"指示灯亮，上电成功	用电安全
第 3 步	连接 PLC 与计算机，将程序下载至 PLC 内		
第 4 步	将 RUN/STOP 开关拨到"RUN"位置	"RUN"指示灯亮，模式切换成功	爱护实训设备

（续）

操作步骤	操作内容	结果	6S
第5步	按下启动按钮 SB1	传送设备默认以 1 档速率运行，1 档指示灯亮	用电安全
第6步	按下加一档按钮 SB3	设备速率增加一档，并亮起相应档位指示灯，前一档指示灯灭	用电安全
第7步	按下减一档按钮 SB4	设备速率减小一档，并亮起相应档位指示灯，前一档指示灯灭	用电安全
第8步	按下停止按钮 SB2	设备停机，所有档位指示灯均熄灭	用电安全
第9步	将 RUN/STOP 开关拨到"STOP"位置	"RUN"指示灯灭，STOP 成功	
第10步	断开漏电开关，拔掉插头，PLC 实训板断电		用电安全
第11步	整理实训板线路		恢复实训设备

8. 评分标准（项表 16-6）

项表 16-6　项目实施评分标准

项目内容	配分	评分标准		评分依据	得分
职业素养	20 分	遵守规章制度、劳动纪律		1）出勤 2）工作态度 3）劳动纪律 4）团队协作精神 5）6S	
		按时按质完成工作任务			
		积极主动承担工作任务，勤学好问			
		人身安全与设备安全			
		工作岗位 6S			
专业能力	60 分	掌握项目 I/O 分配表的编写方法		1）操作的准确性与规范性 2）项目完成情况	
		掌握 PLC 输入点和输出点的接线方法			
		掌握项目实施过程中的 6S 要点			
		掌握项目实施安全规范标准			
		掌握运算指令加一（INC）、减一（DEC）的用法			
		熟练运用传送指令以及运算指令进行梯形图设计			
		能熟练设计设备速率档位控制系统梯形图程序以及调试方法			
		能独立完成项目程序的编写、输入、下载、调试等			
创新能力	20 分	在任务过程中能提出自己的、有见解的方案		1）方法可行性 2）建议合理性、创新性 3）题目关联性	
		在教学管理上能提出建议，具有合理性、创新性			
		在项目实施过程中，能根据项目设备设计关联题目，开展编程实训			
定额时间	0.5h，每超 5min（不足 5min 以 5min 计）			扣 5 分	
备注	除定额时间外，各项目的最高扣分不应超过配分数			成绩	
开始时间		结束时间		实际时间	

9. 项目扩展

经过了项目 16 的编程实训学习，希望能在项目 16 的基础上增加一个自动进行增速的程序。这样传送设备就具备了手动加减速以及自动加减速的控制系统。自动加减速工作方式：按下开始按钮后，设备以 1 档进行低速运行，每隔 6s 增加一个档位，直到增至最大速率（6 档），相应指示灯亮/灭；如果设备 60s 内无货物进行传送，则进行减速（6~0 档），直到设备停止运行，相应指示灯亮/灭；按下停止按钮时，无论设备处于何种状态都停机。请根据控制要求绘制 I/O 分配表和 I/O 接线图，并编写 PLC 程序。

1）I/O 分配表。

2）I/O 接线图。

3）PLC 程序。

项目17 比较指令控制指示灯编程实训

【工作情景】

某车间设备进行产品组装，由汇川 H1S 系列 PLC 控制，但是不知道每天设备的产能是否能满足所预想的产能。所以要求技术人员设计出一套显示设备实时产能与预定产能比较结果的程序。工作方式：按下启动按钮，设备进行生产，同时显示实时产能与预定产能（10套）比较结果所对应的指示灯；按下停止按钮，设备停机，所有数据恢复原状态。现硬件已经安装完毕，需要编程人员对此进行编程，以便设备可以正常投入使用。

【工作任务】

用比较指令控制指示灯编程实训。

【完成时间】

此工作任务完成时间为 8 课时，指导性课时安排见项表 17-1。

项表 17-1　指导性课时安排

课时	内　　容	备　　注
1～4	课题引入、PLC 控制原理认知、I/O 分配表绘制、I/O 接线图绘制、编程操作示范、项目编程练习	原理认知请阅读本书第 2 章
5～8	编程实训，项目扩展练习	

【任务目标】

请通过 PLC 控制设计出比较指令控制产能对比显示系统。

【任务要求】

1）绘制 I/O 分配表与 I/O 接线图。

2）制作项目材料清单。

3）以 6S 作业规范来实施项目。

4）完成按钮比较指令控制的程序编写。

5）完成通电前的线路排查。

6）完成程序认证。

7）严格按照第 1 章的安全规范标准实施本项目。

【学习目标】

1）掌握 PLC 软件的一般编程使用步骤。

2）掌握 I/O 分配表的绘制方法。

3）掌握 PLC 输入点和输出点的接线方法。

4）掌握比较指令 CMP 的用法。

5）掌握项目实施过程中的 6S 要点。

6）掌握项目实施安全规范标准。

【项目实施】

1. 项目实施流程（项图 17-1）

2. 写出 I/O 地址分配

本项目的 I/O 分配见项表 17-2。

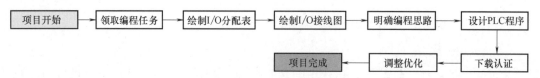

项图 17-1　项目实施流程

项表 17-2　I/O 分配

输入 (Input)		输出 (Output)	
功能	PLC 地址	功能	PLC 地址
启动按钮	X0	低于预定产能指示灯	Y0
停止按钮	X1	等于预定产能指示灯	Y1
模拟产能加一	X2	大于预定产能指示灯	Y2
模拟产能减一	X3		

3. 画出 PLC 的 I/O 接线图

本项目的 I/O 接线图如项图 17-2 所示。

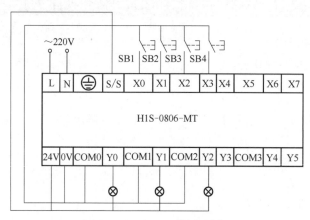

项图 17-2　项目 I/O 接线图

4. 程序设计

根据 I/O 分配表及项目控制要求分析，画出本项目控制的梯形图。

项目编程思路分析见项表 17-3。

项表 17-3　项目编程思路分析

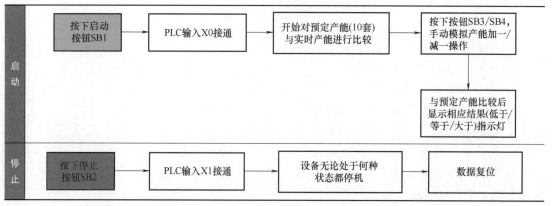

5. PLC 编程软件使用步骤（项表 17-4，需通电后才可下载程序）

项表 17-4　PLC 编程软件使用步骤

序　号	图　示	备　注
第 1 步:新建一个保存工程程序的文件夹	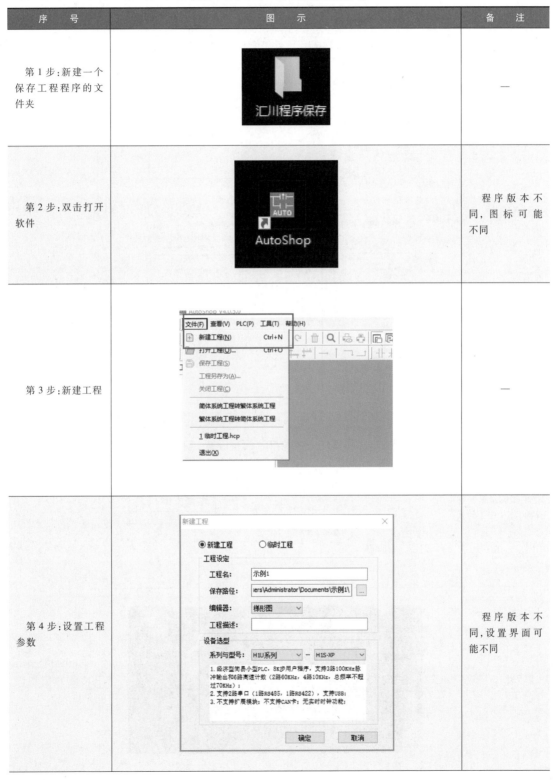	—
第 2 步:双击打开软件		程序版本不同,图标可能不同
第 3 步:新建工程		—
第 4 步:设置工程参数		程序版本不同,设置界面可能不同

（续）

序　号	图　示	备　注
第5步：在编程窗口编辑程序	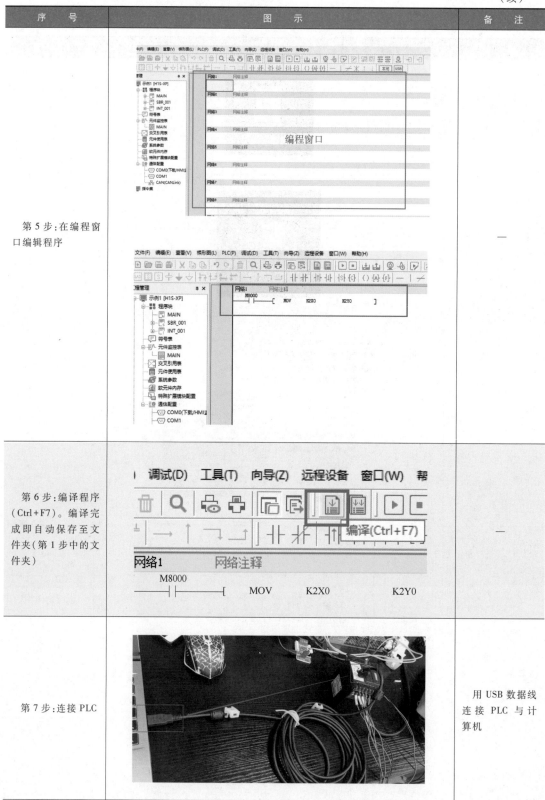	—
第6步：编译程序（Ctrl+F7）。编译完成即自动保存至文件夹（第1步中的文件夹）		—
第7步：连接PLC		用USB数据线连接PLC与计算机

（续）

序 号	图 示	备 注
第8步:下载程序	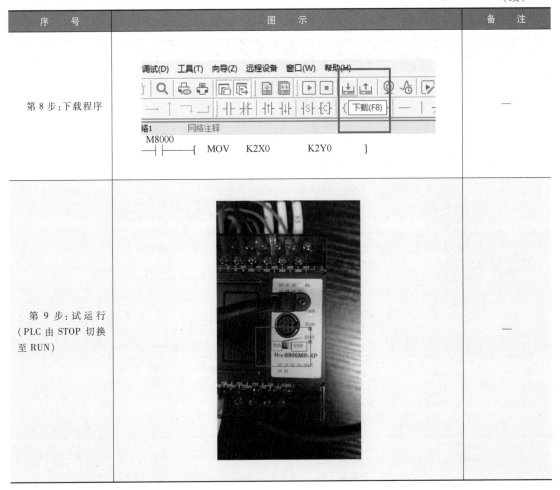	—
第9步:试运行 (PLC由STOP切换 至RUN)		—

6. 项目程序（项图17-3）

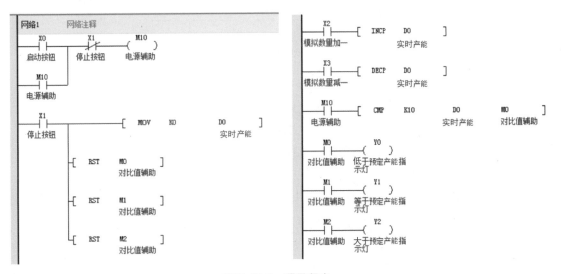

项图17-3 项目程序

7. PLC 程序调试步骤（项表 17-5）

项表 17-5　PLC 程序调试步骤

操作步骤	操作内容	结果	6S
第 1 步	将 RUN/STOP 开关拨到"STOP"位置		爱护实训设备
第 2 步	插座取电,合上漏电开关,PLC 实训板上电	PLC"PWR"指示灯亮,上电成功	用电安全
第 3 步	连接 PLC 与计算机,将程序下载至 PLC 内		
第 4 步	将 RUN/STOP 开关拨到"RUN"位置	"RUN"指示灯亮,模式切换成功	爱护实训设备
第 5 步	按下启动按钮 SB1	开始对预定产能(10 套)与模拟的产能进行比较	用电安全
第 6 步	根据情况按下相应次数的产能加一按钮 SB3(模拟产能增加),或者产能减一按钮 SB4(模拟产能减少)	若产能低于预定产能,Y0 接通,低于预定产能指示灯亮;若产能等于预定产能,Y1 接通,等于预定产能指示灯亮;若产能大于预定产能,Y2 接通,大于预定产能指示灯亮	用电安全
第 7 步	按下停止按钮 SB2	设备停机,所有指示灯都熄灭,数据恢复原状态	用电安全
第 8 步	将 RUN/STOP 开关拨到"STOP"位置	"RUN"指示灯灭,STOP 成功	
第 9 步	断开漏电开关,拔掉插头,PLC 实训板断电		用电安全
第 10 步	整理实训板线路		恢复实训设备

8. 评分标准（项表 17-6）

项表 17-6　项目实施评分标准

项目内容	配分	评分标准	评分依据	得分
职业素养	20 分	遵守规章制度、劳动纪律 按时按质完成工作任务 积极主动承担工作任务,勤学好问 人身安全与设备安全 工作岗位 6S	1)出勤 2)工作态度 3)劳动纪律 4)团队协作精神 5)6S	
专业能力	60 分	掌握项目 I/O 分配表的绘制方法 掌握 PLC 输入点和输出点的接线方法 掌握项目实施过程中的 6S 要点 掌握项目实施安全规范标准 掌握比较指令 CMP 的用法 熟练运用比较指令以及其他功能指令进行梯形图设计 能熟练设计设备产能对比显示系统梯形图程序以及调试方法 能独立完成项目程序的编写、输入、下载、调试等	1)操作的准确性与规范性 2)项目完成情况	

（续）

项目内容	配分	评分标准	评分依据	得分
创新能力	20 分	在任务过程中能提出自己的、有见解的方案	1）方法可行性 2）建议合理性、创新性 3）题目关联性	
		在教学管理上能提出建议，具有合理性、创新性		
		在项目实施过程中，能根据项目设备设计关联题目，开展编程实训		
定额时间	0.5h，每超 5min（不足 5min 以 5min 计）		扣 5 分	
备注	除定额时间外，各项目的最高扣分不应超过配分数		成绩	
开始时间		结束时间	实际时间	

9. 项目扩展

在实际生产中，发现程序调试过程中有些设备生产的产品比较简单，最终日产能比预定产能多很多，所以希望在之前的控制要求基础上，实现预定产能增加或减少的控制要求。请根据控制要求绘制 I/O 分配表和 I/O 接线图，并编写 PLC 程序。

1）I/O 分配表。

2）I/O 接线图。

3）PLC 程序。

项目 18　按钮控制灯牌文字花样闪烁编程实训

【工作情景】

某公司需要制作广告灯牌，文字内容是"智能智造时代"。要求采用汇川 H1S 系列 PLC 控制。为了达到视觉效果，灯牌上的 6 个文字需要进行花样闪烁，由两个按钮控制灯牌上 6 个文字的闪烁顺序。现硬件已经安装完毕，需要编程人员对此进行编程，以便设备可以正常投入使用。

【工作任务】

按钮控制灯牌文字花样闪烁编程实训。

【完成时间】

此工作任务完成时间为 8 课时，指导性课时安排见项表 18-1。

项表 18-1　指导性课时安排

课时	内　　容	备　注
1~5	课题引入、PLC 控制原理认知、I/O 分配表绘制、I/O 接线图绘制、编程操作示范、项目编程练习	原理认知请阅读本书第 2 章
6~8	编程实训,项目扩展练习	

【任务目标】

灯牌上有 6 个文字，由 6 个指示灯显示文字的亮灭，请通过 PLC 编程设计出按钮对灯牌文字花样闪烁的控制。

【任务要求】

1）绘制 I/O 分配表与 I/O 接线图。

2）制作项目材料清单。

3）以 6S 作业规范来实施项目。

4）完成按钮控制的程序编写。

5）完成通电前的线路排查。

6）完成程序认证。

7）严格按照第 1 章的安全规范标准实施本项目。

【学习目标】

1）掌握 PLC 软件的一般编程使用步骤。

2）掌握 I/O 分配表的绘制方法。

3）掌握 PLC 输入点和输出点接线的方法。

4）掌握位左移指令 SFTL、右移指令 SFTR 的用法。

5）掌握传送指令 MOV 的用法。

6）掌握项目实施过程中的 6S 要点。

7）掌握项目实施安全规范标准。

【项目实施】

1. 项目实施流程（项图 18-1）

项图 18-1　项目实施流程

2. 写出 I/O 地址分配

本项目的 I/O 分配见项表 18-2。

项表 18-2　I/O 分配

输入（Input）		输出（Output）	
功能	PLC 地址	功能	PLC 地址
右移按钮	X0	指示灯 1	Y0
左移按钮	X1	指示灯 2	Y1
停止按钮	X2	指示灯 3	Y2
右移复位按钮	X3	指示灯 4	Y3
左移复位按钮	X4	指示灯 5	Y4
		指示灯 6	Y5

3. 画出 PLC 的 I/O 接线图

本项目的 I/O 接线图如项图 18-2 所示。

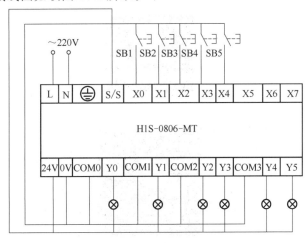

项图 18-2　项目 I/O 接线图

4. 程序设计

根据 I/O 分配表及项目控制要求分析，画出本项目控制的梯形图。

项目编程思路分析见项表 18-3。

项表 18-3　项目编程思路分析

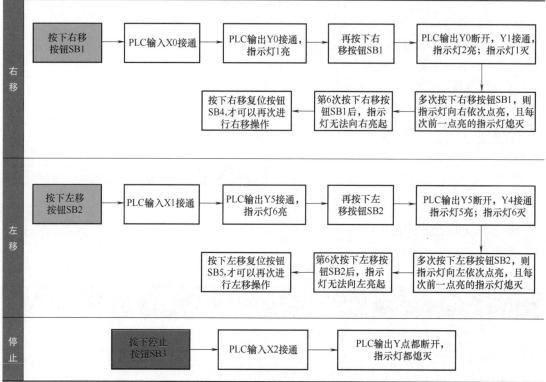

5. PLC 编程软件使用步骤（项表 18-4，需通电后才可下载程序）

项表 18-4　PLC 编程软件使用步骤

序　号	图　示	备　注
第 1 步:新建一个保存工程程序的文件夹	汇川程序保存	—
第 2 步:双击打开软件	AutoShop	程序版本不同，图标可能不同

（续）

序　号	图　示	备　注
第 3 步:新建工程	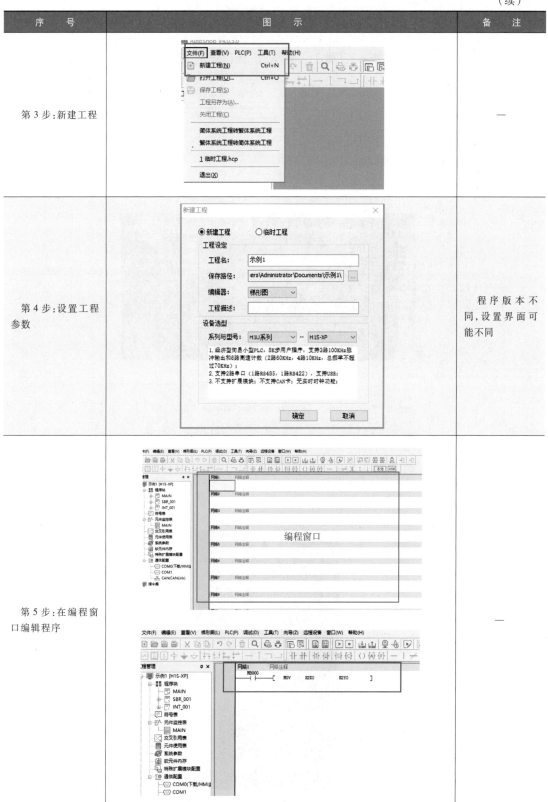	—
第 4 步:设置工程参数		程序版本不同,设置界面可能不同
第 5 步:在编程窗口编辑程序		—

（续）

序 号	图 示	备 注
第 6 步：编译程序（Ctrl＋F7）。编译完成即自动保存至文件夹（第 1 步中的文件夹）	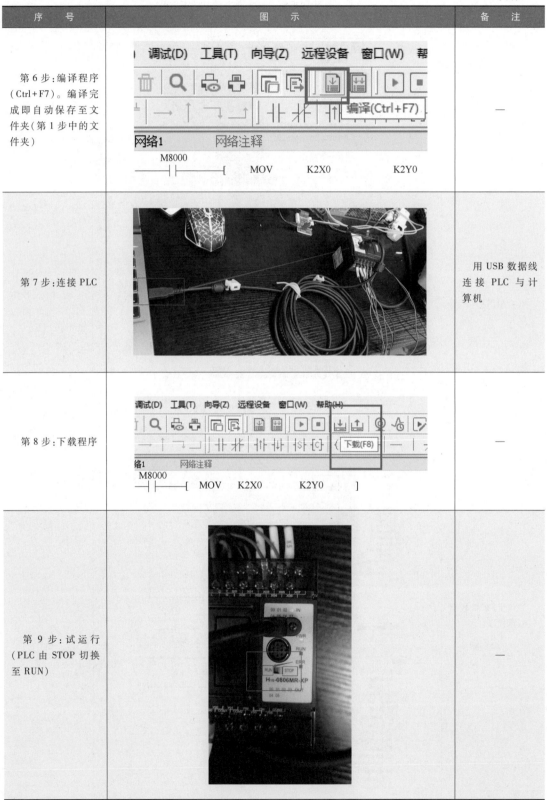	—
第 7 步：连接 PLC		用 USB 数据线连接 PLC 与计算机
第 8 步：下载程序		—
第 9 步：试运行（PLC 由 STOP 切换至 RUN）		—

6. 项目程序（项图 18-3）

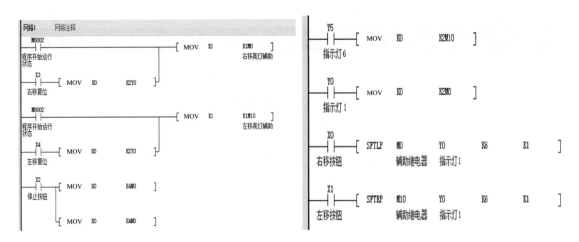

项图 18-3 项目程序

7. PLC 程序调试步骤（项表 18-5）

项表 18-5 PLC 程序调试步骤

操作步骤	操作内容	结果	6S
第 1 步	将 RUN/STOP 开关拨到"STOP"位置		爱护实训设备
第 2 步	插座取电,合上漏电开关,PLC 实训板上电	PLC"PWR"指示灯亮,上电成功	用电安全
第 3 步	连接 PLC 与计算机,将程序下载至 PLC 内		
第 4 步	将 RUN/STOP 开关拨到"RUN"位置	"RUN"指示灯亮,模式切换成功	爱护实训设备
第 5 步	按下 7 次右移按钮 SB1	指示灯点亮,从指示灯 1 到指示灯 6 依次亮灭交替,最后一次指示灯 6 保持点亮,无法右移	用电安全
第 6 步	按下右移复位按钮 SB4	进行右移复位	用电安全
第 7 步	按下 7 次左移按钮 SB2	指示灯点亮,从指示灯 6 到指示灯 1 依次亮灭交替,最后一次指示灯 1 保持点亮,无法左移	用电安全
第 8 步	按下左移复位按钮 SB5	进行左移复位	用电安全
第 9 步	按下停止按钮 SB3	指示灯全部熄灭	用电安全
第 10 步	将 RUN/STOP 开关拨到"STOP"位置	"RUN"指示灯灭,STOP成功	
第 11 步	断开漏电开关,拔掉插头,PLC 实训板断电		用电安全
第 12 步	整理实训板线路		恢复实训设备

8. 评分标准（项表18-6）

项表18-6　项目实施评分标准

项目内容	配分	评分标准	评分依据	得分
职业素养	20分	遵守规章制度、劳动纪律	1）出勤 2）工作态度 3）劳动纪律 4）团队协作精神 5）6S	
		按时按质完成工作任务		
		积极主动承担工作任务，勤学好问		
		人身安全与设备安全		
		工作岗位6S		
专业能力	60分	掌握项目I/O分配表的绘制方法	1）操作的准确性与规范性 2）项目完成情况	
		掌握PLC输入点和输出点的接线方法		
		掌握项目实施过程中的6S要点		
		掌握项目实施安全规范标准		
		掌握位左移指令（SFTL）、右移指令（SFTR）的用法		
		熟练运用左移/右移指令以及传送指令进行梯形图设计		
		能熟练设计出灯牌文字花样闪烁系统梯形图程序以及掌握调试方法		
		能独立完成项目程序的编写、输入、下载、调试等		
创新能力	20分	在任务过程中能提出自己的、有见解的方案	1）方法可行性 2）建议合理性、创新性 3）题目关联性	
		在教学管理上能提出建议，具有合理性、创新性		
		在项目实施过程中，能根据项目设备设计关联题目，开展编程实训		
定额时间	1h，每超5min（不足5min以5min计）		扣5分	
备注	除定额时间外，各项目的最高扣分不应超过配分数		成绩	
开始时间		结束时间	实际时间	

9. 项目扩展

项目18中，广告灯牌文字花样闪烁系统的程序设计需要人为去按按钮，有点过于呆滞，体现不出智能控制的特点；因此希望能设计出一个自动化程序，只需要按下启动按钮，之后灯牌文字闪烁，从左起第一个文字开始，指示灯亮起，每隔2s进行一次右移，右移完成后进行左移，同样每隔2s进行一次左移，然后进入循环；按下停止按钮后，所有输出都停止运行，灯牌文字停止亮灯闪烁。请根据控制要求绘制I/O分配表和I/O接线图，并编写PLC程序。

1）I/O分配表。

2）I/O 接线图。

3）PLC 程序。

项目 19　运料小车系统控制编程实训

【工作情景】

用几个指示灯模拟运料小车系统的工作情况。

假设运料小车处于原点位置，卸料门关闭，按下启动按钮后，运料小车到装料位进行装料，8s 后装料完成，然后到卸料位卸料，5s 后卸料完成，再到清洗位清洗，清洗时间为15s。然后运料小车开始进行装料、卸料、清洗的自动循环工作。按下停止按钮后，运料小车在当前装料、卸料、清洗工作完成后，快速回到原点位并停止，原点位指示灯亮 1s 后熄灭。小车右移指示灯为 HL1、小车左移指示灯为 HL2、卸料位指示灯为 HL3、装料位指示灯为 HL4、清洗位指示灯为 HL5、原点位指示灯为 HL6。运料小车系统布局如项图 19-1 所示。现硬件已经安装完毕，需要编程人员编写 PLC 控制程序，以便系统可以正常投入使用。

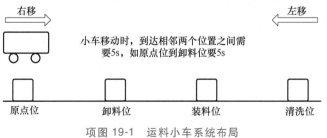

项图 19-1　运料小车系统布局

【工作任务】

运料小车系统控制编程实训。

【完成时间】

此工作任务完成时间为 16 课时，指导性课时安排见项表 19-1。

项表 19-1　指导性课时安排

课时	内　　容	备　　注
1~2	课题引入、PLC 控制原理认知、I/O 分配表讲解、I/O 接线图讲解、编程操作示范	原理认知请阅读本书第 2 章
3~10	I/O 分配表绘制、I/O 接线图绘制、项目编程练习、编程实训	
11~16	项目扩展练习	

【任务目标】

请通过 PLC 编程实现模拟对运料小车系统的控制。

【任务要求】

1）绘制 I/O 分配表与 I/O 接线图。

2）制作项目材料清单。

3）以 6S 作业规范来实施项目。

4）完成按钮控制的程序编写。

5）完成通电前的线路排查。

6）完成程序认证。

7）严格按照第 1 章的安全规范标准实施本项目。

【学习目标】

1）掌握 PLC 软件的一般编程使用步骤。

2）掌握 I/O 分配表的绘制方法。

3）掌握 PLC 输入点和输出点的接线方法。

4）掌握时间继电器 T 的用法。

5）掌握系统停止后完成当前任务才停机的编程方法。

6）掌握项目实施过程中的 6S 要点。

7）掌握项目实施安全规范标准。

【项目实施】

1. 项目实施流程（项图 19-2）

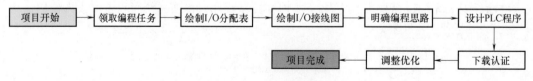

项图 19-2　项目实施流程

2. 写出 I/O 地址分配

本项目的 I/O 分配见项表 19-2。

项表 19-2 I/O 分配

输入 (Input)		输出 (Output)	
功能	PLC 地址	功能	PLC 地址
启动按钮	X0	小车右移指示灯（HL1）	Y0
停止按钮	X1	小车左移指示灯（HL2）	Y1
		卸料位指示灯（HL3）	Y2
		装料位指示灯（HL4）	Y3
		清洗位指示灯（HL5）	Y4
		原始位指示灯（HL6）	Y5

3. 画出 PLC 的 I/O 接线图

本项目的 I/O 接线图如项图 19-3 所示。

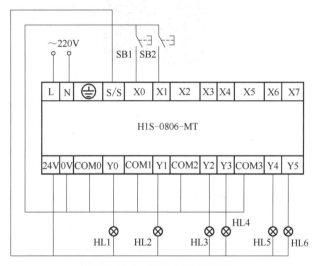

项图 19-3 项目 I/O 接线图

4. 程序设计

根据 I/O 分配表及项目控制要求分析，画出本项目控制的梯形图。

项目编程思路分析见项表 19-3。

项表 19-3 项目编程思路分析

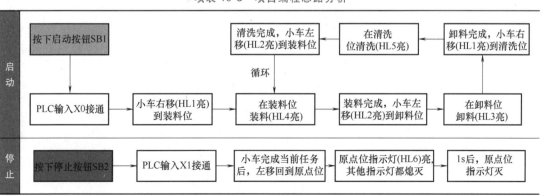

5. PLC 编程软件使用步骤（项表 19-4，需通电后才可下载程序）

项表 19-4 PLC 编程软件使用步骤

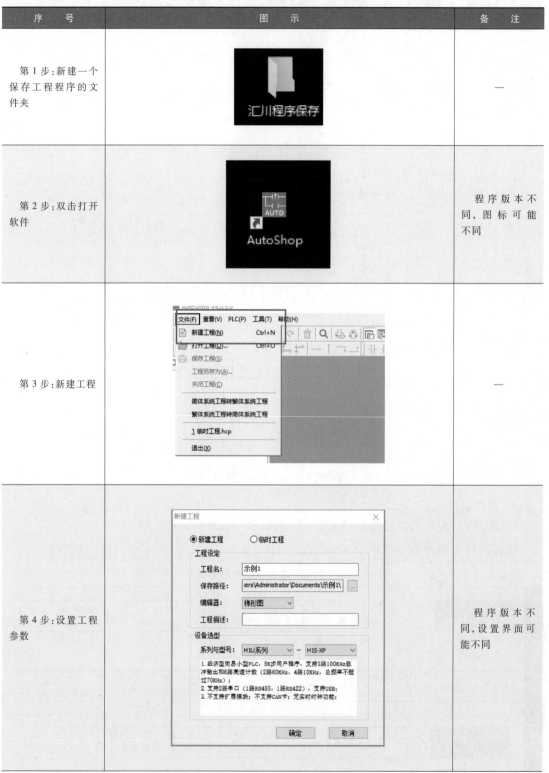

序　号	图　　示	备　注
第 1 步:新建一个保存工程程序的文件夹		—
第 2 步:双击打开软件		程 序 版 本 不同，图标可能不同
第 3 步:新建工程		—
第 4 步:设置工程参数		程 序 版 本 不同，设置界面可能不同

（续）

序　号	图　示	备　注
第5步：在编程窗口编辑程序	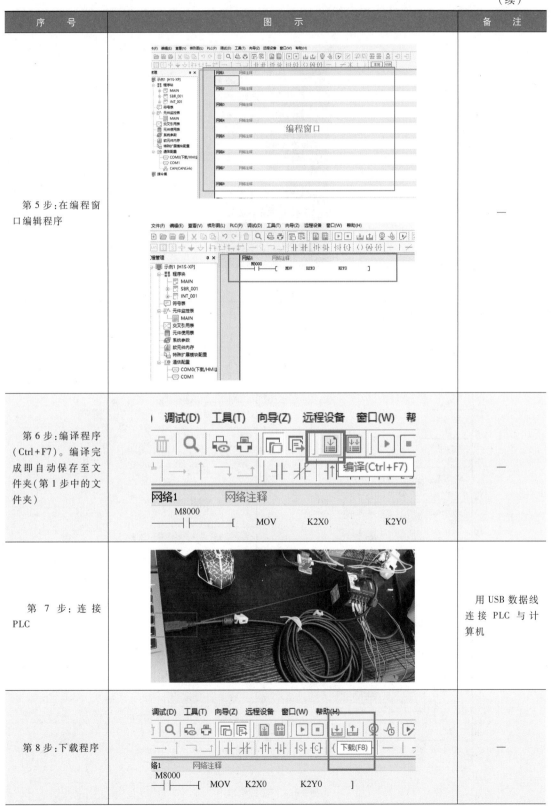	—
第6步：编译程序（Ctrl＋F7）。编译完成即自动保存至文件夹（第1步中的文件夹）		—
第7步：连接PLC		用USB数据线连接PLC与计算机
第8步：下载程序		

（续）

序　号	图　示	备　注
第 9 步：试运行 （PLC 由 STOP 切换 至 RUN）	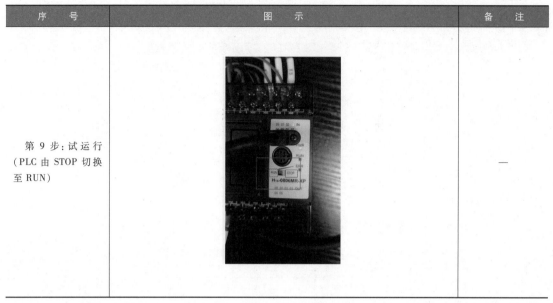	—

6. 项目程序（项图 19-4）

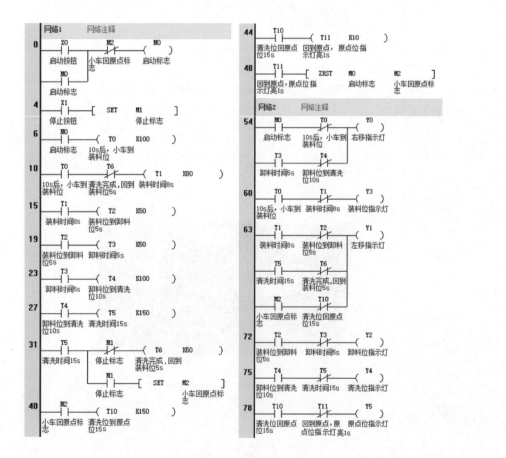

项图 19-4　项目程序

178

7. PLC 程序调试步骤（项表 19-5）

项表 19-5　PLC 程序调试步骤

操作步骤	操作内容	结果	6S
第 1 步	将 RUN/STOP 开关拨到"STOP"位置		爱护实训设备
第 2 步	插座取电,合上漏电开关,PLC 实训板上电	PLC"PWR"指示灯亮,上电成功	用电安全
第 3 步	连接 PLC 与计算机,将程序下载至 PLC 内		
第 4 步	将 RUN/STOP 开关拨到"RUN"位置	"RUN"指示灯亮,模式切换成功	爱护实训设备
第 5 步	按下启动按钮 SB1	亮灯情况见工作情景描述	用电安全
第 6 步	按下停止按钮 SB2	完成当前任务后回到原点位	
第 7 步	将 RUN/STOP 开关拨到"STOP"位置	"RUN"指示灯灭,STOP成功	用电安全
第 8 步	断开漏电开关,拔掉插头,PLC 实训板断电		用电安全
第 9 步	整理实训板线路		恢复实训设备

8. 评分标准（项表 19-6）

项表 19-6　项目实施评分标准

项目内容	配分	评分标准	评分依据	得分
职业素养	20 分	遵守规章制度、劳动纪律 按时按质完成工作任务 积极主动承担工作任务,勤学好问 人身安全与设备安全 工作岗位 6S	1)出勤 2)工作态度 3)劳动纪律 4)团队协作精神 5)6S	
专业能力	60 分	掌握编程软件的使用步骤 掌握项目 I/O 分配表的绘制方法 掌握 PLC 输入点和输出点的接线方法 掌握时间继电器 T 的用法 掌握按停止按钮后完成当前任务才停机的编程方法 掌握项目实施过程中的 6S 要点 掌握项目实施安全规范标准 独立完成项目实训	1)操作的准确性与规范性 2)项目完成情况	
创新能力	20 分	在任务过程中能提出自己的、有见解的方案 在教学管理上能提出建议,具有合理性、创新性 在项目实施过程中,能根据项目设备设计关联题目,开展编程实训	1)方法可行性 2)建议合理性、创新性 3)题目关联性	
定额时间	3h,每超 5min(不足 5min 以 5min 计)		扣 5 分	
备注	除定额时间外,各项目的最高扣分不应超过配分数		成绩	
开始时间		结束时间	实际时间	

179

9. 项目扩展

用几个指示灯模拟运料小车系统的工作情况（项图 19-5）。

假设运料小车处于原点位置，卸料门关闭，按下启动按钮后，运料小车到装料位进行装料，5s 后装料完成，然后到卸料位卸料，5s 后卸料完成，再到清洗位清洗，清洗时间为 8s。然后运料小车开始进行装料、卸料的自动循环工作。当卸料 3 遍后，小车到清洗位清洗。清洗完成后，小车返回到装料位装料，如此不断自动循环工作。按下停止按钮后，运料小车在当前装料、卸料、清洗工作完成后，快速回到原点位并停止，原点位指示灯亮 2s 后熄灭。小车右移指示灯为 HL1、小车左移指示灯为 HL2、卸料位指示灯为 HL3、装料位指示灯为 HL4、清洗位指示灯为 HL5、原点位指示灯为 HL6。现硬件已经安装完毕，请根据控制要求绘制 I/O 分配表和 I/O 接线图，并编写 PLC 程序。

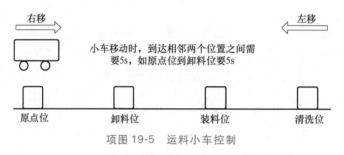

项图 19-5　运料小车控制

1）I/O 分配表。

2）I/O 接线图。

3）PLC 程序。

项目 20　自动洗衣机系统控制编程实训

【工作情景】

用几个指示灯模拟自动洗衣机控制系统的工作情况。

要求按下启动按钮：

1）进水电磁阀 V_1（指示灯为 HL1）动作，水位上升；5s 后进水电磁阀关闭。

2）2s 后，开始洗涤。

3）洗涤时，先正转 20s，同时正转洗涤指示灯 FW（以指示灯 HL2 表示）亮，暂停 2s；然后反转 20s，同时反转洗涤指示灯 RW（以指示灯 HL3 表示）亮，暂停 2s。

4）如此循环 5 次，总共 220s 后开始排水，排水阀 V_2（指示灯为 HL4）打开。5s 后，相应的脱水指示灯 DE（以指示灯 HL5 表示）亮；20s 后脱水结束，排水阀、脱水指示灯熄灭。

5）再次开始清洗，重复步骤 2)~5)，共清洗 2 遍。

6）清洗完成，报警灯 AL（以指示灯 HL6 表示）亮，3s 后自动停机。

7）若中途按下停止按钮，则所有阀门、电动机都停止（即所有指示灯都熄灭）。

现硬件已经安装完毕，需要编程人员编写 PLC 的控制程序，以便系统可以正常投入使用。

【工作任务】

自动洗衣机系统控制编程实训。

【完成时间】

此工作任务完成时间为 16 课时，指导性课时安排见项表 20-1。

项表 20-1　指导性课时安排

课时	内　　容	备　　注
1~2	课题引入、PLC控制原理认知、I/O分配表讲解、I/O接线图讲解、编程操作示范	原理认知请阅读本书第2章
3~10	I/O分配表绘制、I/O接线图绘制、项目编程练习、编程实训	
11~16	项目扩展练习	

【任务目标】

有 6 个指示灯，请通过 PLC 编程实现模拟对自动洗衣机控制的系统。

【任务要求】

1）绘制 I/O 分配表与 I/O 接线图。

2）制作项目材料清单。

3）以 6S 作业规范来实施项目。

4）完成按钮控制的程序编写。

5）完成通电前的线路排查。

6）完成程序认证。

7）严格按照第 1 章的安全规范标准实施本项目。

【学习目标】

1）掌握 PLC 软件的一般编程使用步骤。

2）掌握 I/O 分配表的绘制方法。

3）掌握 PLC 输入点和输出点的接线方法。

4）掌握时间继电器 T 的用法。

5）掌握计数器 C 的用法。

6）掌握项目实施过程中的 6S 要点。

7）掌握项目实施安全规范标准。

【项目实施】

1. 项目实施流程（项图 20-1）

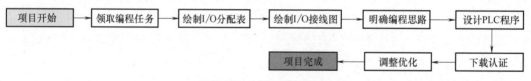

项图 20-1　项目实施流程

2. 写出 I/O 地址分配

本项目的 I/O 分配见项表 20-2。

项表 20-2　I/O 分配

输入（Input）		输出（Output）	
功能	PLC 地址	功能	PLC 地址
启动按钮	X0	进水电磁阀 V_1（HL1）	Y0
停止按钮	X1	正转洗涤指示灯 FW（HL2）	Y1
		反转洗涤指示灯 RW（HL3）	Y2
		排水阀 V_2（HL4）	Y3
		脱水指示灯 DE（HL5）	Y4
		报警灯 AL（HL6）	Y5

3. 画出 PLC 的 I/O 接线图

本项目的 I/O 接线图如项图 20-2 所示。

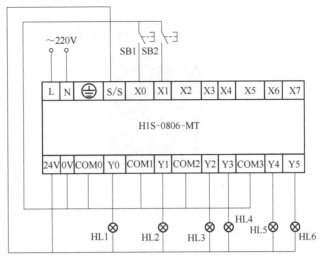

项图 20-2　项目 I/O 接线图

4. 程序设计

根据 I/O 分配表及项目控制要求分析，画出本项目控制的梯形图。

项目编程思路分析见项表 20-3。

项表 20-3　项目编程思路分析

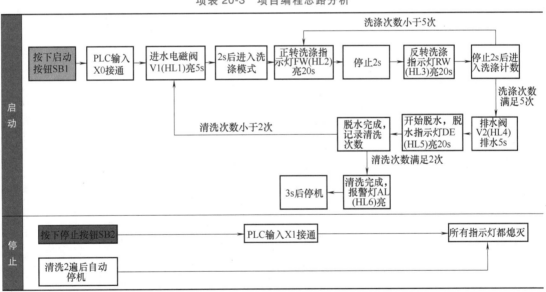

5. PLC 编程软件使用步骤（项表 20-4，需通电后才可下载程序）

项表 20-4　PLC 编程软件使用步骤

序　号	图　示	备　注
第 1 步：新建一个保存工程程序的文件夹	汇川程序保存	—

（续）

序　号	图　示	备　注
第2步：双击打开软件	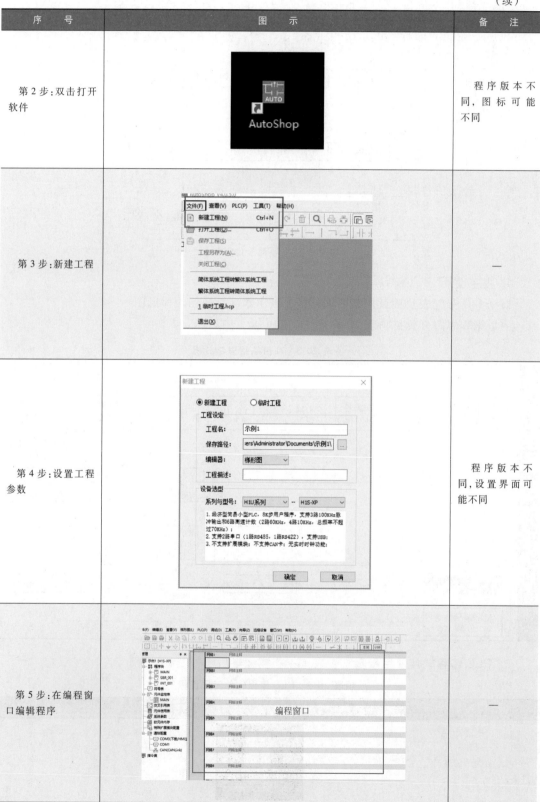	程序版本不同，图标可能不同
第3步：新建工程		—
第4步：设置工程参数		程序版本不同，设置界面可能不同
第5步：在编程窗口编辑程序	编程窗口	—

（续）

序 号	图 示	备 注
第 5 步：在编程窗口编辑程序	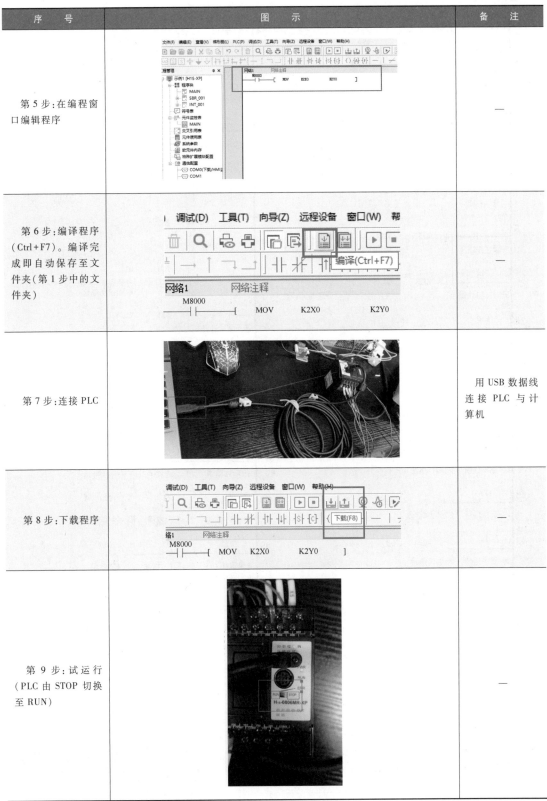	—
第 6 步：编译程序（Ctrl+F7）。编译完成即自动保存至文件夹（第1步中的文件夹）		—
第 7 步：连接 PLC		用 USB 数据线连接 PLC 与计算机
第 8 步：下载程序		—
第 9 步：试运行（PLC 由 STOP 切换至 RUN）		—

6. 项目程序（项图 20-3）

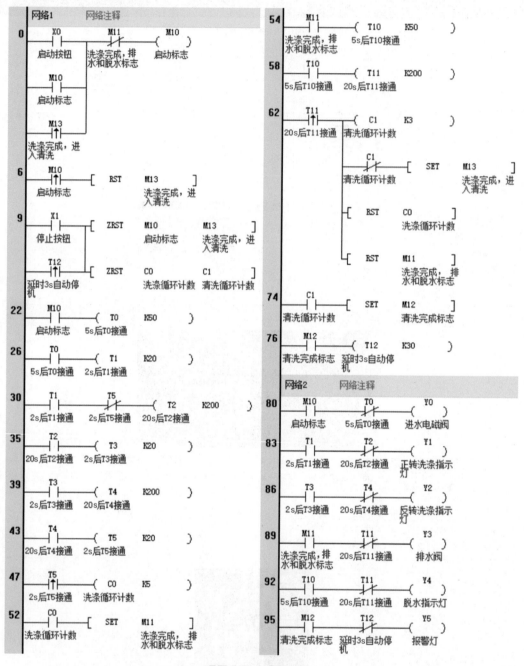

项图 20-3 项目程序

7. PLC 程序调试步骤（项表 20-5）

项表 20-5 PLC 程序调试步骤

操作步骤	操作内容	结果	6S
第 1 步	将 RUN/STOP 开关拨到"STOP"位置		爱护实训设备

（续）

操作步骤	操作内容	结果	6S
第2步	插座取电,合上漏电开关,PLC实训板上电	PLC"PWR"指示灯亮,上电成功	用电安全
第3步	连接PLC与计算机,将程序下载至PLC内		
第4步	将RUN/STOP开关拨到"RUN"的位置	"RUN"指示灯亮,模式切换成功	爱护实训设备
第5步	按下启动按钮SB1	亮灯情况见工作情景描述	用电安全
第6步	按下停止按钮SB2/完成自动停机	所有灯都熄灭	
第7步	将RUN/STOP开关拨到"STOP"位置	"RUN"指示灯灭,STOP成功	用电安全
第8步	断开漏电开关,拔掉插头,PLC实训板断电		用电安全
第9步	整理实训板线路		恢复实训设备

8. 评分标准 （项表20-6）

项表20-6　项目实施评分标准

项目内容	配分	评分标准	评分依据	得分
职业素养	20分	遵守规章制度、劳动纪律 按时按质完成工作任务 积极主动承担工作任务,勤学好问 人身安全与设备安全 工作岗位6S	1)出勤 2)工作态度 3)劳动纪律 4)团队协作精神 5)6S	
专业能力	60分	掌握编程软件的使用步骤 掌握项目I/O分配表的绘制方法 掌握PLC输入点和输出点的接线方法 掌握时间继电器T的用法 掌握计数器C的用法 掌握项目实施过程中的6S要点 掌握项目实施安全规范标准 独立完成项目实训	1)操作的准确性与规范性 2)项目完成情况	
创新能力	20分	在任务过程中能提出自己的、有见解的方案 在教学管理上能提出建议,具有合理性、创新性 在项目实施过程中,能根据项目设备设计关联题目,开展编程实训	1)方法可行性 2)建议合理性、创新性 3)题目关联性	
定额时间	3h,每超5min(不足5min以5min计)		扣5分	
备注	除定额时间外,各项目的最高扣分不应超过配分数		成绩	
开始时间		结束时间	实际时间	

9. 项目扩展

用几个指示灯模拟自动洗衣机控制系统的工作情况。

要求按下启动按钮：

1）进水电磁阀 V_1（指示灯为 HL1）动作，水位上升；5s 后进水电磁阀关闭。

2）1s 后，开始洗涤。

3）洗涤时，先正转 30s，同时正转洗涤指示灯 FW（以指示灯 HL2 表示）亮，暂停 1s；然后反转 30s，同时反转洗涤指示灯 RW（以指示灯 HL3 表示）亮，再暂停 1s。

4）如此循环 3 次，总共 186s 后开始排水，排水阀 V_2（指示灯为 HL4）打开。5s 后，相应的脱水指示灯 DE（以指示灯 HL5 表示）亮；30s 后脱水结束，排水阀、脱水指示灯熄灭。

5）再次开始清洗，重复步骤 2)~5)，共清洗 3 遍。

6）清洗完成，报警灯 AL（以指示灯 HL6 表示）亮，5s 后自动停机。

7）若中途按下停止按钮，则所有阀门、电动机都停止（即所有指示灯都熄灭）；但可以进行手动排水和手动脱水。

现硬件已经安装完毕，请根据控制要求绘制 I/O 分配表和 I/O 接线图，并编写 PLC 程序。

1）I/O 分配表。

2）I/O 接线图。

3）PLC 程序。